Studienwissen kompakt

Mit dem Springer-Lehrbuchprogramm „Studienwissen kompakt" werden kurze Lern-
einheiten geschaffen, die als Einstieg in ein Fach bzw. in eine Teildisziplin konzipiert
sind, einen ersten Überblick vermitteln und Orientierungswissen darstellen.

Weitere Bände dieser Reihe finden Sie unter
http://www.springer.com/series/13388

Thomas Heun

Werbung

 Springer Gabler

Thomas Heun
Internationale Hochschule Rhein-Waal
Kamp-Lintfort, Deutschland

Studienwissen kompakt
ISBN 978-3-658-07126-4   ISBN 978-3-658-07127-1 (eBook)
DOI 10.1007/978-3-658-07127-1

Die Deutsche Nationalbibliothek verzeichnet diese Publikation in der Deutschen
Nationalbibliografie; detaillierte bibliografische Daten sind im Internet über
http://dnb.d-nb.de abrufbar.

Springer Gabler
© Springer Fachmedien Wiesbaden GmbH 2017

Gedruckt auf säurefreiem und chlorfrei gebleichtem Papier

Springer Gabler ist Teil von Springer Nature
Die eingetragene Gesellschaft ist Springer Fachmedien Wiesbaden GmbH
Die Anschrift der Gesellschaft ist: Abraham-Lincoln-Strasse 46, 65189 Wiesbaden, Germany

Vorwort

Werbung stellt eine der traditionellen Formen der Wirtschaftskommunikation dar und ist auch als Lehrbuchthema alles andere als neu. Wieso noch ein Lehrbuch zu einem so klassischen Thema? Erstens leiden die klassischen Lehrbuchansätze auch in diesem Bereich unter dem Anspruch, ein Thema möglichst umfassend darstellen zu wollen. Dieses Unterfangen ist gerade beim Thema Markenkommunikation und Werbung herausfordernd, da diese kommunikative Gattung ein interdisziplinäres Feld repräsentiert. Wesentliche Beiträge zu Markenkommunikation und Werbung sind aus so unterschiedlichen Disziplinen wie Ökonomie, Psychologie, Kommunikationswissenschaften und Soziologie einschlägig. Zweitens fordert das aktuelle Studiensystem nach kompakten Lehrbuchansätzen, die sich (auch) als Ressourcen lehrbegleitend für einzelne Module innerhalb eines Semesters nutzen lassen.

Hiermit sind nicht nur beiden Alleinstellungsmerkmale dieses Lehrbuchs, sondern auch sein spezifischer **Nutzen für BA-Studierende und -Dozenten** benannt:

Erstens gehen die Inhalte und Methoden in diesem Buch über die Perspektiven einer einzelnen Disziplin hinaus. Neben der betriebswirtschaftlichen Sicht bezieht der Autor Erkenntnisse aus den Sozial- und Kulturwissenschaften sowie der Psychologie ein.

Zweitens bietet dieses Buch eine klare und am Prozessorientierten Lernen ausgerichtete didaktische Struktur. Das Lehrbuch ermöglicht – nach einem einleitenden theoretischen Teil (▶ Kap. 1), die Erschließung des Themas Markenkommunikation und Werbung anhand von drei grundlegenden Kapiteln, die den aufeinanderfolgenden drei Phasen eines Managementprozesses der Werbung entsprechen.

- ▶ Kap. 1 zur **Geschichte der Werbung** ermöglicht es den Lesern, einen leichten Zugang zu dem Thema zu finden. Darüber hinaus bildet ▶ Kap. 1 einen Rahmen historischen Wissens um die Entstehung der Werbung als Wirtschaftszweig und Wissenschaftsdisziplin.
- ▶ Kap. 2 zur **Strategie der Werbung** entspricht der ersten Phase im Prozess der Entwicklung von Werbung. Eine Werbestrategie bildet die notwendige Grundlage für die zielgerichtete Entwicklung von Wer-

bung. ▶ Abschn. 3.1 ist darüber hinaus durch die klare Orientierung an
der schrittweisen Bearbeitung des Strategieformulars (Creative Brief)
gekennzeichnet. Dieses Formular, welches auch als Download verfügbar
ist, versetzt Studierende und Dozenten unterschiedlicher Disziplinen in
die Lage, eine eigene Kommunikations- und Werbestrategie zu entwickeln.

— ▶ Kap. 3 zur **Konzeption der Werbung** ermöglicht in Phase 2 die Über-
setzung der von den Studierenden entwickelten Strategien in konzeptionelle Lösungen. Hierfür stehen, neben grundlegenden Hilfestellungen
zum konzeptionell-kreativen Arbeiten, 21 fokussierte Darstellungen von
Werbekonzepten zur Auswahl.

— ▶ Kap. 4 zum **Controlling der Werbung** bietet darüber hinaus den Zugang zu Wissen und Methoden, die Studierende in die Lage versetzen,
die Wirkung und den Erfolg der selbst entwickelten Werbemaßnahmen
in einer abschließenden dritten Phase zu messen und zu bewerten.

Die folgende Abbildung stellt das Zusammenspiel der vier Kapitel dieses Buches und die drei Phasen des Managementprozesses der Werbung in Form
eines Schaubilds dar.

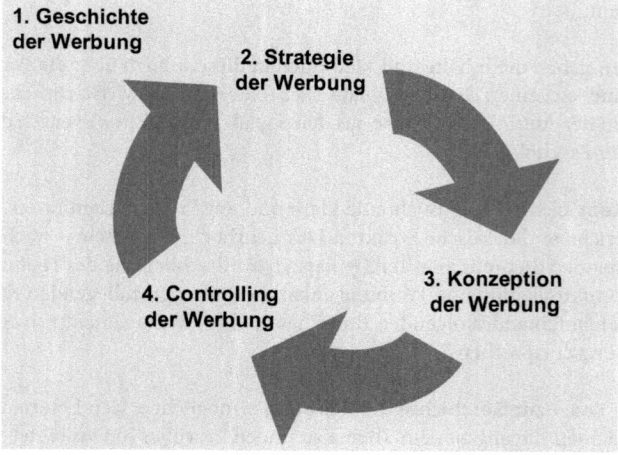

Die Grundstruktur des Buchs von der Geschichte der Werbung bis zum Controlling der Werbung wird durch die Integration von zentralen „Milestones"
ergänzt und zusätzlich vernetzt. Die folgende Abbildung zeigt die Milestones
in Form eines Scrabbles.

Die einzelnen Milestones des „Werbe-Scrabbles" benennen inhaltliche Schwerpunkte und Kernbegriffe oder -gedanken einzelner Kapitel und werden im Laufe des Buchs immer wieder aufgeführt.

Darüber hinaus bietet das Buch zu Beginn eines jeden Abschnitts in einer Lern-Agenda einen Überblick über die entsprechenden Lernziele. Das Erreichen der Lernziele lässt sich für die Leser zudem über die Beantwortung von Übungsfragen, die Anwendung von Tools oder den Abgleich von Konzepten mit Checklisten überprüfen (s. folgende Abbildung).

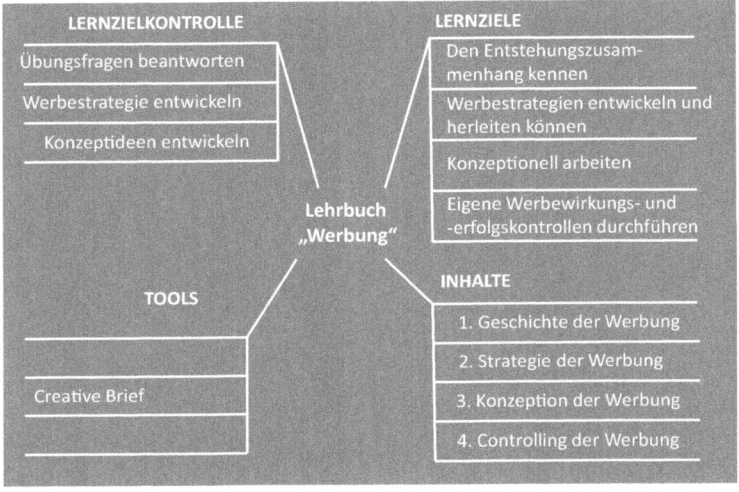

Lösungsvorschläge zu den Übungsaufgaben sowie das Creative Brief finden Sie auf springer.com auf der Produktseite zu diesem Buch.

Bei der Arbeit an diesem Manuskript hat mich Frau Angela Meffert von Springer Gabler hilfreich unterstützt – ihr gilt mein ganz besonderer Dank. Dankbar bin ich auch den Marketing- und Kommunikationsmanagern der Unternehmen, die bereit waren, dieses Projekt durch exemplarische Kommunikations- und Werbemittel zu unterstützen. Dieses Buch „lebt" von dem kontinuierlichen Anwendungsbezug und wäre ohne diese Unterstützung nicht realisierbar gewesen.

Bei personenbezogenen Bezeichnungen habe ich mich zugunsten der besseren Lesbarkeit für die männliche Form entschieden. Hierfür bitte ich alle Leserinnen um Verständnis, sie sind selbstverständlich ebenfalls angesprochen.

Über den Autor

Prof. Dr. Thomas Heun war lange Jahre im Management in der Medienindustrie (Radio Marketing Service, Bertelsmann) und der Werbewirtschaft (Foote, Cone & Belding, Select World) tätig. Heute ist er Professor für Marketing und Methoden an der internationalen Hochschule Rhein-Waal. Er berät nationale und internationale Unternehmen als Marketing und Strategy Consultant.

Inhaltsverzeichnis

Geschichte der Werbung

Prof. Dr. Thomas Heun

© Springer Fachmedien Wiesbaden GmbH 2017
T. Heun, *Werbung*, Studienwissen kompakt, DOI 10.1007/978-3-658-07127-1_1

Lern-Agenda
- Die Leser wissen um die Anfänge der Werbung als Wirtschaftszweig und Wissenschaftsdisziplin.
- Sie kennen die zentralen Faktoren und Wissenschaftsdisziplinen, die die Entwicklung der Werbung seit Mitte des 20. Jahrhunderts beeinflusst haben.
- Sie haben den Entstehungszusammenhang des Konzepts der Integrierten Kommunikation verstanden.
- Sie können die grundlegenden Auswirkungen der Digitalisierung auf die Werbung benennen.

1.1 Einleitung

Einen historischen Ursprung von **Werbung** zu markieren, erscheint aufgrund der Offenheit des Begriffs wenig zielführend. Der Ursprung des Wortes „werben" lässt sich auf das althochdeutsche Wort „wervan" zurückführen, welches „sich drehen", „hin- und hergehen" oder auch „etwas betreiben" bedeutet. An dieser Stelle soll Werbung aber weniger als anthropologische Konstante,[1] sondern vielmehr als sozial- und wirtschaftswissenschaftliches Phänomen begriffen werden. Sozialwissenschaftlich, weil es sich in der Regel um den Versuch handelt, größere „Zielgruppen" zu erreichen. Betriebswirtschaftlich, da es sich häufig um Versuche von Unternehmen handelt, die eigenen Angebote gegenüber Leistungen anderer Unternehmungen zu profilieren.

> **Merke!**
>
> Die **Aufgabe der Werbung** in der Wirtschaft ist es, Konsumenten Angebote von Unternehmen oder Organisationen, wie Marken, Produkte oder Dienstleistungen, mittels kommunikativer Maßnahmen näherzubringen. Auch wenn Werbung eine Fülle von unterschiedlichen Zielen erfüllen kann, hat sie oft das Hauptziel, die Nachfrage nach derartigen Leistungen zu stimulieren.

Auch wenn es sich bei Werbungen immer um Werbung um Zustimmung (zu was auch immer) handelt, lassen sich für den Bereich der „Wirtschaftswerbung" im Zeitverlauf

---

1   Schweiger und Schrattenecker (2005, S. 1) gehen so weit, dass sie die menschliche Stimme als „das erste jemals eingesetzte Werbemittel" bezeichnen.

unterschiedliche Entwicklungen identifizieren.[2] Diese werden in den nachfolgenden Abschnitten kurz dargestellt und kommentiert. Eines der besonderen Schlaglichter stellt hierbei die im Laufe des 20. Jahrhunderts aufkommende **wissenschaftliche** Auseinandersetzung mit der Werbung dar.

> **Auf den Punkt gebracht: Werbung ist heutzutage ein etablierter Forschungsgegenstand und Teil der Marketingwissenschaft.**

1.2 Erste Phase: Ausdifferenzierung der Werbewirtschaft (1850–1899)

Obwohl die grundlegenden technischen Voraussetzungen für die Produktion von gedruckten Formen von Werbung, wie z. B. die Erfindung von beweglichen Buchdrucklettern durch Johannes Gutenberg zu Beginn des 15. Jahrhunderts, bereits seit langer Zeit vorhanden sind, ist die Ausdifferenzierung von Werbung als kommunikative Gattung und ökonomisches Phänomen stark mit der Industriellen Revolution verbunden. Da mit dem aus den industriellen Produktionsweisen resultierenden größeren Angebot nur eine geringfügig gestiegene Nachfrage einherging (vgl. Schweiger und Schrattenecker 2005, S. 3), wurde es erstmals nötig, die „Massenprodukte" überregional zu bewerben. Von besonderer Bedeutung für die Verbreitung von Werbung und die Ausdifferenzierung der **Werbewirtschaft** waren hierbei zwei Ereignisse: Erstens wurde im Jahre

---

2   So definieren Schweiger und Schrattenecker (1995, S. 9) Ende des vergangenen Jahrhunderts – gemäß dem psychologisch-beeinflussten Mainstream der 1970er und 80er-Jahre – Werbung wie folgt: „Ein kommunikativer Beeinflussungsprozess mit Hilfe von (Massen-)Kommunikationsmitteln in verschiedenen Medien, der das Ziel hat, beim Adressaten marktrelevante Einstellungen und Verhaltensweisen im Sinne der Unternehmensziele zu verändern." Hierin drückt sich ein zu der Zeit populäres („starkes") Verständnis von Werbung als Versuch der Beeinflussung von Konsumenten aus.

◘ Abb. 1.1 Anzeige der Firma Jung aus dem Jahr 1852. (Quelle: Kölnische Zeitung, 12.03.1852, zitiert nach Kriegeskorte 1995, S. 8)

1849 die Pressefreiheit eingeführt, wodurch eine Vielzahl von neuartigen gedruckten Zeitungen und Zeitschriften als potenzielle **Werbeträger** entstanden. Zweitens wurde im Jahre 1850 das bis dahin geltende staatliche Anzeigenmonopol aufgehoben, wodurch der Entstehung von neuen Arten von **Werbemitteln** Vorschub geleistet wurde.

Vor dem Hintergrund dieser Ereignisse lassen sich die Anfänge von Werbung im deutschen Sprachraum bis in die Mitte des 19. Jahrhunderts zurückverfolgen. Gestalterisch reichte das Spektrum der frühen Werbemaßnahmen von textlastigen und recht „ungestalteten" Tageszeitungsanzeigen (s. ◘ Abb. 1.1) bis zu opulenten, von Künstlern gestalteten Werbeplakaten (s. ◘ Abb. 1.2 und 1.3).

Einen besonderen Stellenwert nimmt hierbei das Jahr 1855 ein, da es in diesem Jahr einerseits zur Gründung der ersten „Insertionsagentur" *Haasenstein & Vogler* in Hamburg kam[3] und zudem der Berliner Unternehmer Ernst Litfaß die Erlaubnis zur Platzierung der ersten Anzeigensäulen erhielt.

1.3 Zweite Phase: Professionalisierung der Werbung (1900–1919)

Wirkten die Motive der Werbung im 19. Jahrhundert oft noch unbeholfen oder künstlerisch verspielt, sorgten u. a. die Ökonomisierung der Drucktechnik und die Ausdifferenzierung von eigenständigen Berufsbildern, wie dem des Plakatmalers, für eine zunehmende (gestalterische) Fokussierung auf zentrale Inhalte und das möglichst ef-

---

3   Durch diese und darauffolgende Agenturgründungen kam es einerseits zu der Übertragung einer bereits seit den 40er-Jahren des 19. Jahrhunderts aus dem US-amerikanischen Markt bekannten Form von organisierter Dienstleistung auf den deutschsprachigen Markt und andererseits zu der Etablierung eines neuen Berufsstands.

◘ Abb. 1.2 Künstlerisches Werbeplakat des Jugendstil-
künstlers Joseph Maria Olbrich (1901). (Quelle: Doering
1999, S. 193)

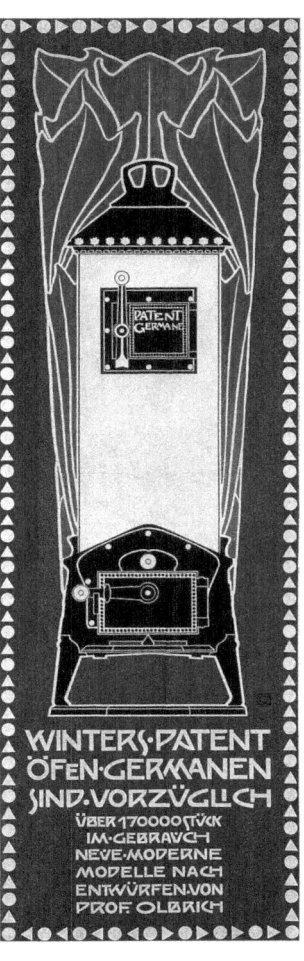

fiziente Erreichen von konkreten **Werbezielen** (s. ◘ Abb. 1.3).[4] In den Anfängen der
Werbung kam es noch oft zu einem Aufeinandertreffen von gestalterischen Ansprüchen
(kreative Freiheit) und ökonomischen Zielsetzungen (Effizienz) „im Spannungsfeld

---

4   Bei dem Motiv der Marke *Job* lässt sich bereits die gestalterische Tendenz zu einem zentralen
     Bildmotiv (Key Visual) feststellen.

◘ Abb. 1.3 Zielgerichtete Plakatwerbung für Zigarettenpapier der Marke Job von Jules Cheret (1895). (Quelle: Zitiert nach Martin 2016, S. 80)

von Kunst und Kommerz" (Döring 1996), doch spätestens die Entwicklung der ersten Theorie der **Werbewirkung** (s. ▶ Abschn. 4.2) durch den US-amerikanischen Autoverkäufer Elias St. Elmo Lewis sorgte für eine weitere Professionalisierung der Werbung.[5] Die zunehmende Professionalisierung lässt sich auch an Werbemitteln der Zeit, wie z. B. am „Sachplakat" des Gestalters Julius Klinger (◘ Abb. 1.4), erkennen. Dieses wird gekennzeichnet durch die starke Fokussierung auf das Produkt und die Abwesenheit weiterer aufmerksamkeitsstarker Gestaltungselemente.

Mit der Professionalisierung der Werbung gingen Bestrebungen um die Etablierung von Strukturen, Systematiken und Strategien der Werbung einher. Ausdruck dieser Entwicklung sind auch die Gründung von Interessenverbänden durch Unternehmer, wie z. B. dem *Verein Berliner Reklamefachleute* (1903) oder dem *Markenverband* durch Fritz Henkel bzw. August Oetker (1903).

---

5   Elias St. Elmo Lewis war weniger Werbepraktiker als Verkäufer, der seine Erfolge als Autohändler zum Anlass nahm, um die entsprechenden Erfolgsprinzipien („AIDA" = Attention – Interest – Desire – Action) abzuleiten.

◘ **Abb. 1.4** Werbeplakat
des Gestalters Julius Klinger
für die Kronleuchter-Fabrik
Möhring (1908). (Quelle:
Zitiert nach Eskilson 1964,
S. 111)

1.4 Dritte Phase: Verwissenschaftlichung der Werbung (1920–1950)

Während erste werbetheoretische Überlegungen eher den Bemühungen engagierter Praktiker zu verdanken waren, kam es bereits zu Beginn des 20. Jahrhunderts zu einer systematischen theoretischen Auseinandersetzung mit dem Phänomen der Werbung und zu der Übertragung von Erkenntnissen aus unterschiedlichen Wissenschaftsdisziplinen. Auch wenn Werbung als Kommunikationsform für Bildungsbürger und Wissenschaftler oft mehr ein „Ärgernis" (Sombart 1908) als einen ernst zu nehmenden Gegenstand wissenschaftlicher Forschung darstellte, begannen bereits in der zweiten Dekade des 20. Jahrhunderts rege Publikationsaktivitäten rund um das Thema Werbung und ihre Wirkung. Neben dem „produktivsten Theoretiker" Johannes Weidenmüller (Schindelbeck 2004), der 1908 in Leipzig die *Werkstatt für neue deutsche Wortkunst* gründete und der sich für ein hohes Maß an Konsequenz bei der einheitlichen Ansprache des Publikums einsetzte, ist hier insbesondere Hans W. Domitzlaff zu nennen. Auch er war als Angestellter von Firmen wie *Siemens* und *Reemtsma* eher Werbepraktiker als Wissenschaftler, doch bemühte er sich frühzeitig um die Anwendung massenpsychologischer Erkenntnisse von Wissenschaftlern wie dem französischen Psychologen Gustave Le Bon auf den Bereich der Werbung. Neben dem Anspruch der „Gewinnung des öffentlichen Vertrauens" zielten seine praktischen und publizistischen Aktivitäten auf eine Systematisierung des Konzepts der **Marke** mit dem Ziel der Ableitung zentraler „Techniken" (vgl. Domizlaff 1939). Domizlaff war hierbei bestrebt, eine klare Trennung zwischen Marke und Nicht-Marke zu ziehen, die sich vor allem am Auftritt und Werbestil erkennen lässt. Kurzfristige und „laute" Werbeauftritte von Produkten sah er kritisch, dienten sie doch nur der Erzielung kurzfristiger Verkaufserfolge. Starke Marken kennzeichnet seiner Auffassung nach eine besondere Haltung, die er anhand von Basisanforderungen an Marken formulierte.

Grundforderungen der Markentechnik, einer frühen Form des Markenmanagements, nach Domizlaff (1939):

- Gegen kurzfristigen, lauten und aufdringlichen „Jahrmarktstil"
- Plädoyer für eine (elitäre) Markenhaltung des „königlichen Kaufmanns"
- Aufbau langfristigen Kundenvertrauens auf der Basis massenpsychologischer Erkenntnisse

1.5 Vierte Phase: Psychologisierung und Emotionalisierung der Werbung (1950–1979)

Die von Theoretikern wie Hans Domitzlaff verstärkte Tendenz, Erkenntnisse und Konzepte aus der Psychologie auf das Feld der Werbung zu übertragen, setzte sich in den 50er-Jahren des 20. Jahrhunderts fort. Vor dem Hintergrund des zunehmenden Wettbewerbs um immer kleinere **Zielgruppen** wurde die Psychologie für viele Theoretiker und Praktiker schnell – neben der sich zu dieser Zeit ausdifferenzierenden Marketingwissenschaft – zu einer Art zweiten Leitdisziplin der Werbewissenschaft. Neben der zu diesem Zeitpunkt schon fast „klassischen" Aufgabe der Erlangung von Aufmerksamkeit und der Verhaltenssteuerung in Form von Kaufakten trat zunehmend das Bedürfnis nach einem Verständnis der im Zuge gesellschaftlicher Differenzierungsprozesse kleiner werdenden Gruppen von Konsumenten (Zielgruppen) in den Vordergrund.

> **Merke!**
>
> Unter dem Begriff der **Zielgruppe** wird eine Gruppe von tatsächlichen oder potenziellen Konsumenten eines Unternehmens gebündelt, deren zentrales Merkmal die soziodemografische und psychografische Ähnlichkeit der einzelnen Menschen darstellt (s. ▶ Abschn. 2.4).

Psychologische Konzepte wie das der Motivation oder der Persönlichkeit versprachen nicht nur den Zugang zu einem Verständnis von Konsumenten mittels psychologischer Motivforschung, sondern auch Differenzierung für Marken jenseits rationaler Nutzenversprechen. Ging es in Zeiten standardisierter Massenprodukte für große Zielgruppen noch um eine mehr oder weniger klare werbliche Kommunikation von funktionalen **Grundnutzen,** bot das zunehmende Verständnis von psychologischen Entwicklungsbedürfnissen nun auch die Möglichkeit der Ansprache von emotionalen **Zusatznutzen** (Vershofen 1940). Exemplarisch steht hierfür das Werbemotiv der Firma *Westermann* aus

Nun ist er glücklich

Endlich besitzt er einen DIERCKE.
Es war sein großer Wunsch. Schon
lange wollte er einen Atlas haben,
der ihm die Welt erschließt. Einen Altas,
der ihn in fremde Länder und Völker führt,
der alle Fragen beantwortet, die uns alle
täglich beschäftigen. Der DIERCKE wird
der Atlas für die ganze Familie
sein. Denn beim Fernsehen, auf
der Reise, beim Kreuzworträtsel
oder zum Verfolgen politischer
und wirtschaftlicher Tages-
ereignisse greift er mit seinen
Eltern zum DIERCKE.
Der DIERCKE ist ein Atlas
für weltaufgeschlossene Eltern
und ihre Schulkinder.
Und immer auf dem
neuesten Stand.

168 Kartenseiten,
Register mit 30000
Namen, Leinen,
mit Schuber 24,80 DM.
In jeder guten
Buchhandlung.

◨ **Abb. 1.5** Printanzeige von Diercke, die einen Zusatznutzen für unterschiedliche Zielgruppen verspricht. (Quelle: Westermann 1967)

den 1960er-Jahren, welches die Profilierung als „gebildet" (dank eines *Diercke Weltatlas*) mit den damit verbundenen Entwicklungswünschen von Eltern adressiert (s. ◨ Abb. 1.5).

1.6 Fünfte Phase: Integration der Werbung (1980–1999)

Durch die zunehmende Verbreitung elektronischer Medien stieg die Anzahl der Werbekanäle kontinuierlich. Mit diesem medialen Wachstum ging auf Seiten der Mediennutzer die Wahrnehmung eines zunehmenden **Information Overloads** (Toffler 1970) einher. Als Resultat dieser Inflation medialer Botschaften ist davon auszugehen, dass Menschen in Zeiten von „Multimedia" aufgrund ihrer beschränkten sensorischen Verarbeitungskapazitäten nur noch einen Bruchteil der medienvermittelten Botschaften wahrnehmen. Diese Entwicklung betrifft auch die Werbewirtschaft (s. ◘ Tab. 1.1), und sie stellt neue Anforderungen an die Entwickler und „Manager" von Werbung. Neben der Herausforderung der Entwicklung von Durchsetzungsstrategien im kommunikativen Wettbewerb der Marken ist hier die Notwendigkeit der zunehmenden medienübergreifenden oder **crossmedialen Planung** und Kontrolle von Werbebotschaften zu nennen.

Als ein Resultat der Ausweitung der medialen Verbreitungsmöglichkeiten – und der damit verbundenen Herausforderungen für Markenmanager – ist die Entwicklung des Konzepts der **Integrierten Kommunikation** zu nennen.

> **Merke!**
>
> „**Integrierte Kommunikation** ist ein Prozess der Analyse, Planung, Organisation, Durchführung und Kontrolle, der darauf ausgerichtet ist, aus den differenzierten Quellen der internen und externen Kommunikation von Unternehmen eine Einheit herzustellen, um ein für die Zielgruppen [...] konsistentes Erscheinungsbild [...] zu vermitteln." (Bruhn 2004, S. 17; Hervorhebung des Verfassers)

Mit der Entwicklung und Verbreitung von nach den Prinzipien der Integrierten Werbung gestalteten Werbekonzepten verband sich von nun an die Hoffnung, die zunehmend über viele unterschiedliche Medienkanäle und -angebote verbreitete Kommunikation formal, inhaltlich und zeitlich zu „klammern" und damit die Wirkung der Werbung zu steigern.

1.7 Sechste Phase: Digitalisierung der Werbung (seit 2000)

Formen und Verbreitungswege von Werbung wurden im Laufe der Zeit in einem starken Ausmaß durch die Entwicklung neuer Technologien beeinflusst. Jüngstes Beispiel für die Prägung der Werbung durch technologische Entwicklungen ist der Wandel der Werbung durch die Digitalisierung. Das „Wharton Future of Advertising Innovation Network" kommt zu der Erkenntnis eines fundamentalen Wandels der Werbung im

◘ **Tab. 1.1** Ausgestrahlte Werbespots im deutschsprachigen TV 1993 und 1998. (Quelle: nach Leonhard 2002, S. 2431)

	1993	1998	Veränderung in Prozent
Einschalttage	365	365	–
Spots insgesamt	740.929	1.810.579	+144
Davon:			
Spots bis 7 Sek.	27.135	210.071	+674
Spots bis 15 Sek.	143.291	563.654	+293
Spots bis 20 Sek.	210.117	375.130	+79
Spots bis 30 Sek.	247.963	502.043	+102
Spots bis 45 Sek.	57.851	104.790	+81
Spots bis 60 Sek.	44.919	44.014	−2
Spots über 60 Sek.	9653	10.877	+13
Ø Spotlänge (Sek.)	26	22	–
Ø Spots pro Tag	2030	4960	+144
Ø Min./Tag	900	1862	+107
Ø Std./Tag	15	31	+107

21. Jahrhundert vor dem Hintergrund von fünf zentralen Einflussfaktoren (Wind und Hays 2016, S. 2):

1. Fundamentale technologische und wissenschaftliche Entwicklungen
2. Eine neuartige und sich schlagartig ausdehnende Medienlandschaft
3. „Skeptischere" und „mächtigere" Konsumenten
4. Fundamentale kulturelle, soziale, ökologische und geopolitische Herausforderungen
5. Neue und disruptive Geschäftsmodelle

Digitale Technologien haben seit dem Ende des 20. Jahrhunderts z. B. einen starken Einfluss auf die Verbreitungswege (Werbeträger) und auf die Werbeformate (Werbemittel) ausgeübt. So hat sich die Anzahl der Werbeformate bspw. um Smartphone-Applikationen erweitert (s. ◘ Abb. 1.6).

Im Zuge der Digitalisierung lässt sich zudem eine neue Stufe der Konsumenten- bzw. User-Orientierung feststellen. Weiterhin hat das Konzept der **Customer Journey**,

Abb. 1.6 Screenshot aus der App *Nike Run Club*

der „Reise" von Kunden durch die entsprechenden **Touchpoints** vom Erstkontakt mit dem Produkt bis zum Kaufakt, durch die Digitalisierung und zunehmende Nähe von Werbekontakt über digitale Medien zu über derartige Medien getätigte Kaufakten an Bedeutung gewonnen. Digitale Technologien erlauben heute die Entwicklung eines „reactive Designs", durch das Markenkontaktpunkte analog der Userinteressen und ihrer in der Vergangenheit getätigten Kaufakte oder ihres Surfverhaltens individuell ausgespielt werden können.

Hochgradig marketingrelevant ist hierbei auch die große Bedeutung paralleler Mediennutzung im Sinne eines „Second Screens". So steigen häufig die Zugriffe über mobile Devices auf Websites von werbetreibenden Unternehmen parallel zu Spotschaltungen im TV.

Der durch die Digitalisierung verursachte Wandel der Werbung lässt sich wie folgt zusammenfassen:

1. Entstehung einer Vielzahl an neuen und neuartigen Werbeträgern (wie z. B. Mobile)
2. Zunehmende „Verschmelzung" der bzw. Austausch zwischen den Werbeträgern
3. Entwicklung einer Fülle an neuen und neuartigen Werbeformen (z. B. Smartphone-Applikationen, Games, Tweets auf der Social-Media-Plattform *Twitter*)
4. Ständige Verfügbarkeit von Werbeformen; Werbefilme auf der Plattform YouTube sind im Gegensatz zu temporär verfügbaren TV-Spots ganztägig abrufbar
5. Ein hohes Maß an Flexibilität bei der Erstellung und Bearbeitung von Werbeformen; z. B. können Banner rund um die Uhr von den Entwicklern verändert und optimiert werden
6. Interaktivität und ein neues Maß an Dialogorientierung; während Dialoge mit Rezipienten früher häufig auf spezifische Werbeformen (wie z. B. postalische Mailings) reduziert waren, können Nutzer digitaler Medien heute oft durch einfaches Anklicken der Werbemittel mit Absendern von Werbungen interagieren
7. Personalisierung und Individualisierung von Werbeformen; die werbliche Ansprache von Konsumenten über digitale Formate erleichtert die Profilierung von Werberezipienten (z. B. über die Speicherung und Analyse individueller Kaufhistorien)
8. Weiter zunehmende Konsumentenorientierung durch Anwendung des Konzepts der Customer Journey

1.8 Lern-Kontrolle

Kurz und bündig

- Die Anfänge der Werbewirtschaft liegen in der Mitte des 19. Jahrhunderts.
- Nach der Professionalisierung der Werbung zu Beginn des 20. Jahrhunderts setzt die wissenschaftliche Auseinandersetzung in den 1920er-Jahren ein.
- Im Zuge der gesellschaftlichen Individualisierung und zunehmenden Emotionalisierung der Werbung gewinnen Konzepte aus der Psychologie an Bedeutung.
- Durch die steigende Anzahl an Medien gegen Ende des 20. Jahrhunderts steigt auch die Zahl der Möglichkeiten, Werbung zu verbreiten. Das Konzept der Integrierten Kommunikation ist Ausdruck des zunehmenden Bedürfnisses nach „Klammerung" der unterschiedlichen Werbemaßnahmen unter dem „Dach" einer kommunikativen Leitidee.
- Durch die Digitalisierung ist eine Vielzahl an neuen Werbeformen und -trägern entstanden. Darüber ermöglichen digitale Werbeformen ein hohes Maß an Personalisierung und Interaktion.

? Let's check

1. Welches kann als Hauptziel von Werbung in der Wirtschaft bezeichnet werden?
2. Welches waren aus Sicht der Werbewissenschaft die entscheidenden Impulse in der Phase der „Professionalisierung der Werbung"?
3. Wodurch lässt sich die steigende Bedeutung psychologischer Perspektiven für Werbung in der zweiten Hälfte des 20. Jahrhunderts erklären?

? Lesen und Vertiefen

– Kriegeskorte, M. (1995). *100 Jahre Werbung im Wandel: eine Reise durch die deutsche Vergangenheit*. Köln: DuMont.
– Reinhardt, D. (1993). *Von der Reklame zum Marketing. Geschichte der Wirtschaftswerbung in Deutschland*. Berlin: Akademie Verlag.

Strategie der Werbung

Prof. Dr. Thomas Heun

© Springer Fachmedien Wiesbaden GmbH 2017
T. Heun, *Werbung,* Studienwissen kompakt, DOI 10.1007/978-3-658-07127-1_2

» Die Bearbeitung des Creative Briefs hat uns Studierenden sehr geholfen, den komplexen Prozess der Strategieentwicklung in der Werbung Schritt für Schritt nachzuvollziehen und selber auszuprobieren. Der starke Anwendungsbezug dieses Moduls hat uns zudem sehr gut auf grundlegende Prozesse in Werbeagenturen vorbereitet (Isabel Petrides, Snr Account Manager, MC Saatchi (Berlin)).

Lern-Agenda
Die Leser haben verstanden,
- wieso Strategien auch im Bereich der Werbung wichtig sind
- was eine Marke ist und wie Marken positioniert werden
- wieso es notwendig ist, Werbeadressaten in Form von „Zielgruppen" zu definieren
- weshalb die Definition von Customer Touchpoints im Zuge der Digitalisierung an Bedeutung gewonnen hat
- wieso das Konzept des Consumer Insights von zentraler Bedeutung auf dem Weg zur Entwicklung eines Nutzenversprechens der Werbung ist

---

Werbung wird in diesem Buch weniger als „Phänomen" aus allen erdenklichen Perspektiven oder Ergebnis spontaner kreativer Ideen beschrieben, denn als systematisch zu durchlaufender **Prozess** von der Aufgabenstellung über die Strategie- und Konzeptentwicklung bis zur Kontrolle des **Werbeerfolgs** behandelt.

ᐅ Auf den Punkt gebracht: Entwicklung und Management von Werbung werden auch ohne größere Erfahrung möglich, wenn Studierende den Managementprozess der Werbung durchlaufen.

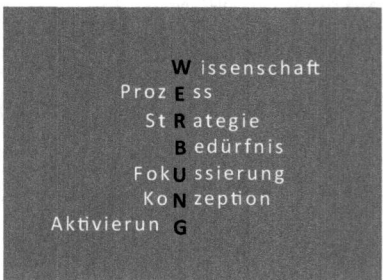

Die Entwicklung einer Kommunikations- oder Werbe**strategie** stellt den ersten grundlegenden Schritt auf dem Weg zur Zielerreichung dar. Strategien sind systematische Versuche, bestimmte Ziele zu erreichen. Die Bedeutung des strategischen Managements ist auch im Bereich der Marketingkommunikation und Werbung im Laufe des 20. Jahrhunderts immer weiter gestiegen. Denn: Unternehmen agieren seit den 50er-Jahren des 20. Jahrhunderts in zunehmend differenzierten Märkten. Die fortschreitende gesellschaftliche Individualisierung führt zu kleineren Zielgruppen mit entsprechend speziellen Anforderungen an Produkte und Marken, was die systematische und kontinuierliche Erforschung von Zielgruppenbedürfnissen erfordert. Darüber hinaus resultiert aus dem dynamisierten Wettbewerb zwischen international agierenden Unternehmen die Notwendigkeit zur kontinuierlichen Abgrenzung zwischen Marken, was ein zunehmend strategisches Management von Marken erfordert. Beide Phänomene haben direkte Auswirkungen auf die Rolle von Werbung, die heute immer auch als ein Mittel des marketingstrategischen Handelns von Unternehmen verstanden werden muss. Während sich der strategische Aspekt von Werbung vor 100 Jahren noch auf eingeschränkte Zielsetzungen wie z. B. die Erzielung von Aufmerksamkeit beschränkte, wird an Formen der Markenkommunikation im 21. Jahrhundert eine Fülle an Anforderungen formuliert.[1]

Mit der Etablierung des Berufsbilds des „Werbestrategen" ging eine zunehmende Strukturierung der werbestrategischen Arbeiten im Sinne von strukturierten Prozessen einher. Als ein Resultat dieser Arbeiten kam es zu einer übergreifenden Orientierung der Strategen an dem sog. **„Creative Brief"**[2] (s. ◻ Abb. 2.1; das vollständige Formular steht unter ▶ springer.com auf der Produktseite zum Buch zum Download bereit).

Merke!

Zentrale Funktion des **Creative Briefs** ist die Fokussierung auf die für die Erstellung von Werbemaßnahmen zentralen Kerninformationen. Das bedeutet: Beim Erstellen eines Creative Briefs sind neben fokussierten Analysen auch „auf den Punkt" geschriebene Textpassagen gefragt. Insgesamt sollte ein ausgefülltes Creative-Brief-Formular nicht mehr als eineinhalb Seiten umfassen.

Die Funktion dieses Strategieformulars lässt sich wie folgt zusammenfassen:
- Darlegung der wesentlichen Aufgabe bzw. des Anlasses für die zu erstellenden Kommunikationsmaßnahmen
- Klare und leicht verständliche Aufbereitung grundlegender Basisinformationen zu Markt, Marke und Zielgruppe
- Formulierung strategischer Entwicklungsrichtungen

---

1 Als ein Resultat dieser Entwicklung haben sich z. B. neue Berufsbilder, wie das des Strategischen Planers, entwickelt.
2 Der Name basiert auf der Kernfunktion der Arbeit von Werbestrategen: dem fokussierten Briefing von „Kreativen" (Werbekonzeptionern, -textern und -grafikern).

Creative Brief

Prof. Dr. Thomas Heun
Lehrbuch Werbung

Kunde und Marke:
Timing:

KOMMUNIKATIONSHINTERGRUND: Was genau soll beworben werden? Wie ist die Marketing- und Konkurrenzsituation der Marke? Welche Konsum-Trends existieren?

ZIELE DER WERBUNG: Was soll mit der Werbung/den Maßnahmen erreicht werden?

MARKENPOSITIONIERUNG (Ist): Wie ist die Marke heute positioniert?

ZIELGRUPPE: Welche Gruppe von Konsument/innen soll angesprochen werden? Welche Themen interessieren sie besonders? Über welche Medien können wir sie erreichen, begleiten und involvieren?

CONSUMER INSIGHT: Was ist das zentrale Konsumbedürfnis der Zielgruppe? Alternativ: Welche Barriere verhindert heute am ehesten den Konsum unserer Produkte?

PROMISE: Mit welchem Versprechen antwortet die Marke auf das Bedürfnis/die Barriere?

REASON WHY: Warum sollte man der Marke dieses Versprechen glauben?

◘ **Abb. 2.1** Auszug aus dem Creative-Brief-Formular

- Erlebbarmachen der Kommunikationszielgruppe(n)
- Fokussierung auf ein zentrales Werbeversprechen

Im Zuge der Digitalisierung wird von unterschiedlichen Autoren immer wieder die Bedeutung des „agilen" oder auch parallelen gegenüber dem „klassisch" sequentiellen Arbeitens erwähnt (s. Holzapfel et al. 2016, S. 27). Da das Creative Brief der Entwicklung von langfristigen markenstrategischen Leitgedanken dient und es sich dabei nicht um ein Tool zur Entwicklung von kurzfristig-taktischen Kommunikationsmaßnahmen handelt, kann diese Kritik vernachlässigt werden. Eher im Gegenteil: Die zentrale Bedeutung von markenstrategischen Leitideen und die Orientierung der Markenkommunikation an den Konsumentenbedürfnissen wird auch von Digitalexperten akzentuiert: „Statt in blinden Aktionismus zu verfallen – mal eine kleine Anzeige hier, mal ein bisschen *Facebook* dort zu machen, gilt es immer wieder, die Zielgruppe, den Kern der Marke in den Mittelpunkt zu stellen." (Holzapfel et al. 2016, S. 133).

Zentraler Unterschied zwischen einer klassischen Werbeplanung und einer eher digitalen Planung ist hier vielmehr die Proklamation einer Zentralität des Denkens (auch) in digitalen Kategorien: „Dabei ist Digitalität Startpunkt aller Überlegungen. Hier würden auf Basis eines tiefen Konsumentenverständnisses die Strategie und Ideen zu einzelnen Kampagnen entwickelt." (Holzapfel et al. 2016, S. 51) Auch wenn die Bedeutung von digitalen Medien für das Marketing stark gestiegen ist, sollten diese nicht von vornherein als „gesetzt" definiert werden. Es ist vielmehr entscheidend, ob sie eine sinnvolle Funktion innerhalb der Strategie erfüllen.

Die folgenden ▶ Abschn. 2.1 bis 2.11 dienen der Darstellung der zentralen Elemente einer Werbestrategie. Die zentralen Begriffe und Konzepte werden anhand des Prozesses der Creative-Brief-Erstellung Schritt für Schritt eingeführt, erläutert und am Beispiel der (fiktiven) Marke *Superbrain* und an weiteren Beispielen verdeutlicht.

2.1 Der Kommunikationshintergrund

Kommunikationsmaßnahmen sind in der Regel eingebunden in strategische Marketingaktivitäten von Unternehmen. Als Bestandteil der Marketingstrategien von Unternehmen sind Absichten zu werben oft nur zu verstehen, wenn es den Werbedienstleistern gelingt, ein Verständnis dieser Unternehmensstrategien zu erlangen. Hierzu ist es essenziell, dass sich die Dienstleister auf der Basis eigener Recherchen oder durch Auftraggeber vermittelter Informationen ein **eigenes** Verständnis des Kommunikationshintergrunds verschaffen. Hierzu zählen im Kern folgende Angaben:

- Grundlegende Informationen zu dem zu bewerbenden Produkt/Service („Was genau soll beworben werden?")
- Kurze Darstellung der Marktposition der zu bewerbenden Marke und

- Nennung zentraler Wettbewerbsmarken („Wie ist die Marketing- und Konkurrenzsituation der Marke?")
- Aufführung von Konsummustern und -trends in der Produktkategorie bzw. Warengruppe („Welche Konsumtrends existieren?")

Beispiel: Kommunikationshintergrund der Marke *Superbrain*
Kommunikationshintergrund
Was genau soll beworben werden? Wie ist die Marketing- und Konkurrenzsituation der Marke?
Welche Konsum-Trends existieren?
Die *BRAINSTORM AG* ist ein (neuer) Anbieter von Energy-Drinks. Die Marke *Superbrain* soll nun – nach ersten PR- und Vertriebserfolgen – erstmals flächendeckend beworben werden. Nach einer langen Wachstumsphase des Gesamtmarkts lassen sich auf dem Markt der Energy-Drinks steigende Marktanteile heute „nur noch" durch die Verdrängung etablierter Marken oder durch die Ansprache vollkommen neuer Zielgruppen gewinnen. Kernwettbewerber sind *Red Bull, Monster* und *Relentless*. Energy-Drinks bedienen unterschiedliche Bedürfnisse, wie das eher physisch-funktionale Bedürfnis nach einem „Energie-Kick", aber häufig auch (jugendlich-)soziale Bedürfnisse, wie die Abgrenzung von bestehenden/„erwachsenen" Konsumgewohnheiten (wie z. B. Cola-Trinken). In jüngerer Zeit konnten sich zunehmend natürlich wirkende Drinks auf dem Markt etablieren.

2.2 Die Ziele der Werbung

Werbeaktivitäten sind in der Regel mit dem Erreichen von konkreten Zielen, wie z. B. der Steigerung des Produktverkaufs oder der Beeinflussung der Wahrnehmung von Marken, verbunden. Werbung, die hilft, die mit ihrem Einsatz verbundenen Ziele zu erreichen, wird dementsprechend als wirkungsvolle Werbung bezeichnet. Um als Werbetreibender in diesem Sinne erfolgreich zu sein, stellen erstens das Verständnis des Kommunikationshintergrunds (▶ Abschn. 2.1) und zweitens die Bekanntheit der **Werbeziele** entscheidende Grundvoraussetzungen für die Entwicklung von „erfolgreicher" Werbung dar.

Beispiel: Werbeziele der Marke *Superbrain*
Ziele der Werbung
Was soll mit der Werbung/den Maßnahmen erreicht werden?
Folgende Ziele werden mit dem Einsatz von Werbung für die Marke *Superbrain* verfolgt:
1. Steigerung der Bekanntheit der Marke (in der Zielgruppe der 15- bis 35-Jährigen) von 5 % auf 20 % innerhalb des Kampagnenzeitraums
2. Neue Verwender an die Marke heranführen (Testkäufe)
3. Steigerung des Marktanteils um mindestens 5 % innerhalb des Kampagnenzeitraums

Die Qualität der Zielformulierung lässt sich anhand folgender Kriterien bewerten:
1. Wurden die zu erreichenden Ziele in Form von messbaren Größen (z. B. „Bekanntheit der Marke") benannt?
2. Lässt sich der Grad der Zielerreichung zweifelsfrei quantitativ bestimmen (z. B. „Steigerung auf 20 %")?
3. Handelt es sich um realistische, d. h. in dem Zeitraum unter normalen Marktbedingungen erreichbare Ziele?

2.3 Die Markenpositionierung

Die **Markenpositionierung** ist Ausdruck grundlegender und in der Regel langfristig angelegter strategischer Kursentscheidungen für Marken. Eine dementsprechend zentrale Funktion nehmen Positionierungen von Marken für die Ziele der Werbung ein.

Beispiel: Markenpositionierung der Marke *McDonald's*
Die Marke *McDonald's* sieht sich, wie viele andere Marken aus dem Food-Bereich, seit Beginn des 21. Jahrhunderts mit dem Wunsch von Konsumenten nach einem höheren Maß an Gesundheits- und Ökologieorientierung beim Lebensmittelkonsum konfrontiert. Diesem Konsumtrend versucht die Fastfood-Kette, deren Produkte klassisch eher für den schnellen und günstigen Imbiss als für gesunde und hochwertige Mahlzeiten stehen, u. a. durch die Akzentuierung der Verwendung von Produkten aus Betrieben der regionalen Landwirtschaft und den Relaunch des Markenlogos nachzukommen. Sowohl die werbliche Betonung der Verwendung regionaler Zutaten als auch der sprichwörtliche Wechsel der Logofarben von Rot zu „mehr Grün" dienen dem übergeordneten Ziel, die Marke ökologischer, gesünder und hochwertiger erscheinen zu lassen.

2.3.1 Die Marke

Das Konzept der Marke ist eines der Konzepte aus dem Bereich der Marketingwissenschaft, die einen starken Eingang in andere Wissenschaftsdisziplinen und in den allgemeinen Sprachgebrauch gefunden haben. Die Popularität dieses Konzepts spiegelt sich auch in der Fülle an Versuchen wider, das Phänomen der Marke zu definieren. ◘ Tab. 2.1 gibt einen Überblick über die Entwicklung seit Mitte des 20. Jahrhunderts anhand zentraler Markendefinitionen.

Während frühe Versuche der Definition von Marke dem Ziel dienten, das (theoretisch) neue Phänomen der Marke zu definieren und Markenartikel von Produkten abzugrenzen (z. B. Domizlaff 1939), deuten die späteren Definitionen eher auf zu der Zeit dominante Paradigmen bzw. theoretische Perspektiven auf Marke hin. Die

◘ Tab. 2.1 Markendefinitionen

Autor und spezieller Fokus	Definition
Domizlaff (1939): Versuch der Listung von Kriterien für Marke	„Ein Markenartikel ist eine Fertigware, die mittels eines Zeichens markiert ist und die dem Konsumenten mit konstantem Auftritt und Preis in einem größeren Verbreitungsraum dargeboten wird."
Ogilvy (1951): Die Marke entsteht im Kopf des Konsumenten/Psychologisierung von Marke	„The brand is the consumer's idea of a product."
Kapferer (1992): Dynamisierung des Perspektivwechsels vom Produzenten zum Konsumenten	„Produkte sind das, was das Unternehmen produziert. Marken sind das, was der Kunde kauft."
Burmann et al. (2003): Marke als Nutzenversprechen	„Marke ist ein Nutzenbündel mit spezifischen Merkmalen, die dafür sorgen, dass sich dieses Nutzenbündel gegenüber anderen Nutzenbündeln, welche dieselben Basisbedürfnisse erfüllen, aus Sicht relevanter Zielgruppen nachhaltig differenziert."
Holt (2004): Marke als soziokulturelles Phänomen	„A brand emerges when collective understandings become firmly be established (…) and what makes a brand powerful is the collective nature of these perceptions."

Definitionen von **Ogilvy** und **Kapferer** entsprechen der Mitte des 20. Jahrhunderts einsetzenden Entwicklung, Marke nicht nur von Anbieterseite, sondern auch aus der Perspektive der Konsumenten zu definieren. Entsprechend diesem „Consumer Turn" in der Werbung lässt sich ein deutlicher **Bedeutungsgewinn psychologischer Perspektiven** und Konzepte in Markenwissenschaft und -praxis erkennen.

> **⊙ Auf den Punkt gebracht:** Eine erfolgreiche Marke ist vor allem durch die erfolgreiche Etablierung kollektiver Vorstellungen und Images in den Köpfen der Zielgruppe gekennzeichnet.

Im Zuge der Digitalisierung und der damit einhergehenden gestiegenen „Macht" der Konsumenten ändern sich auch die Anforderungen an Marken und ihre Positionierungen. So betonen bspw. Wind und Hays (2016) im Rahmen ihres Forschungsprojekts zur Werbung im Jahre 2020 die zunehmende Bedeutung von sichtbaren Handlungen (von Marken) gegenüber reinen (Werbe-)Versprechen. In diesem Zuge werden immer wieder

Initiativen von Marken hervorgehoben, die um Bedeutung jenseits der Maximierung von Shareholder Values ringen.[3]

2.3.2 Erfolgsfaktoren der Markenpositionierung

Die Markenpositionierung ist von zentraler Bedeutung für die Entwicklung von Werbung und stellt in der Regel eine frühe strategische Weichenstellung für den eigentlichen Prozess der „Kreation" von Werbung dar. Analytisch handelt es sich, wenn denn eine Anpassung der bisherigen Positionierung erforderlich ist, um eine Aufgabe, die vier Kriterien genügen sollte:

Vier Kriterien für die erfolgreiche Entwicklung strategischer Markenpositionierungen

1. **Eigenständigkeit und Differenzierung**
   Eine der grundlegenden Funktionen von Marken ist die Durchsetzung der Markenprodukte im Wettbewerbsumfeld. Diese Differenzierung von den anderen Marken auf den Märkten wird über eine möglichst eigenständige „Markierung" von Produkten (eben als Marken) angestrebt.

2. **Relevanz**
   Markenpositionierungen können nur dann absatzfördernd sein, wenn diese Positionierungen eine Kopplung an die Bedürfnisse der potenziellen Nutzer bzw. Kunden der Marken aufweisen. Hierbei zählt weniger die kurzfristige Reaktion auf Modeerscheinungen des Konsums als die langfristige Orientierung von Markenpositionierungen an grundlegenden Konsummotivationen und nachhaltigen Konsumtrends.

3. **Glaubwürdigkeit**
   Eine erfolgreiche Positionierung kann man nicht einfach behaupten, Marken müssen sie „leben". Das bedeutet: Wenn eine Positionierung von den Konsumenten als nicht authentisch oder zu der Marke (und ihrem Verhalten) unpassend erlebt wird, werden sie dieser Marke wahrscheinlich nicht vertrauen und sie auch nur in Ausnahmefällen anderen Marken vorziehen.

4. **Fokussierung**
   Markenprofile entstehen nur, wenn sie über einen längeren Zeitraum bestimmte Dinge (Formen, Farben, Symbole und inhaltliche Positionen) in Richtung ihrer Zielgruppen kommunizieren. Die Entwicklung von Positionierungen erfordert die Entscheidung **für** spezifische Positionierungsdimensionen und **gegen** eine Fülle an Alternativen.

---

3   Als einen der Erfolgsfaktoren von Marken schlagen Wind und Hays (2016, S. 55) z. B. „a clear and consistent purpose in the world" vor.

Neben diesen vier Kriterien für die strategische Entwicklung von Markenpositionierungen lassen sich für die Phase der Kommunikation der Positionierungen, die in der Strategiephase entwickelt wurden, die zentralen Kriterien der Konsequenz in der Umsetzung und Kontinuität in der Kommunikation anführen. Nur wenn Marken die strategische Positionierung klar und deutlich und über einen längeren Zeitpunkt in Richtung ihrer Zielgruppen transportieren, werden Empfänger im Laufe der Zeit bestimmte Assoziationen und Bilder bzw. **Markenimages** mit diesen Marken verbinden.

Merke!

„Beim **Markenimage** handelt es sich um ein mehrdimensionales Einstellungskonstrukt[4], welches das in der Psyche relevanter externer Zielgruppen fest verankerte, verdichtete, wertende Vorstellungsbild von einer Marke wiedergibt. Das Markenimage ist das Ergebnis der individuellen, subjektiven Wahrnehmung und Dekodierung aller von der Marke ausgesendeten Signale. Insbesondere bezieht sich dies auf die subjektiv wahrgenommene Eignung dieser Marke zur Befriedigung der Bedürfnisse des Individuums." (Burmann und Meffert 2005, S. 53; Hervorhebung des Verfassers)

2.3.3   Ansätze zur Positionierung von Marken

Trotz der Fülle an Modellen zur Positionierung von Marken besteht nach wie vor ein hohes Maß an Einigkeit über das Ziel der strategischen Positionierungsarbeit: Marken sollen auf Märkten eine Alleinstellung im Sinne eines einzigartigen Markenversprechens bzw. einer **„Unique Selling Proposition"** (USP; Ries und Trout 1986) erlangen. Zwecks Etablierung einer auf Märkten von Konsumenten und Wettbewerbern wahrnehmbaren Ist-Positionierung ist zuerst die Erarbeitung eines internen Markenleitbilds bzw. eines Soll-Positionierungsansatzes erforderlich.

> Auf den Punkt gebracht: Zentrale Herausforderung bei der strategischen Positionierungsarbeit ist die schrittweise Annäherung an die vier Erfolgsfaktoren von Markenpositionierungen: Eigenständigkeit bzw. Differenzierung, Relevanz, Glaubwürdigkeit und Fokussierung.

Im Folgenden werden drei Modelle zur Positionierung von Marken im Sinne des USP-Ansatzes dargestellt: die Markennutzenpyramide, das PoP- & PoD-Modell und das Modell der Markenkultur.

---

4   Vgl. Trommsdorff (2003, S. 150 f.); Kroeber-Riel und Weinberg (2003, S. 168 ff.).

- **Markennutzenpyramide**

Die Markennutzenpyramide ist ein Positionierungsmodell mit einem starken Fokus auf der Relevanz von Marken aus der Konsumentenperspektive. Dieses Modell basiert auf folgenden Grundannahmen, die im Kern auf die Erkenntnisse des Psychologen Abraham Maslow (1943) zur Strukturierung menschlicher Motivation zurückgehen:

1. Menschliche Bedürfnisse sind keine isolierten Phänomene, sondern mit anderen Bedürfnissen verbunden.
2. Menschliche Bedürfnisse sind (oft) hierarchisch strukturiert.
3. Menschen streben, sind die „einfachen" Bedürfnisse erst einmal befriedigt, nach immer höheren Ebenen der Bedürfnisbefriedigung.
4. Auf eher funktionale Bedürfnisse (z. B. Durst stillen) folgen eher emotionale und soziale Bedürfnisse (z. B. Streben nach einem höheren Ansehen bzw. Prestige).

Die mit Maslow assoziierte „Bedürfnispyramide", die der Fokussierung auf eine Anzahl von Bedürfnissen dient, kann als eine Art „analytische Mutter" der Markennutzenpyramide angesehen werden. Der zentrale Unterschied: Während die Bedürfnispyramide der Identifizierung menschlicher Bedürfnisse dient, stehen bei der Markennutzenpyramide die Nutzen (von Marken für Konsumenten) im Vordergrund. Der Vorteil liegt auf der Hand: Ist es Marken erst einmal gelungen, die Bedürfnisse von Konsumenten zu identifizieren, müssen Marken „nur noch" die passenden Nutzen („Benefits") quasi als „Antworten" von Marken auf Konsumbedürfnisse formulieren.

> ❯ Auf den Punkt gebracht: Marken werden für Konsumenten relevant, wenn sie den Bedürfnissen der Konsumenten mit den passenden Nutzen begegnen.

■ Abb. 2.2 zeigt exemplarisch die (einfache) Strukturierung von Nutzen am Beispiel des Automobilmarktes. Während auf der unteren Ebene des funktionalen Nutzens noch ein allgemeiner Mobilitätsnutzen (schnell von A nach B gelangen) steht, der auch von anderen Verkehrsmitteln „versprochen" werden kann, werden die Nutzen, je weiter man sich auf der Pyramide nach oben bewegt, immer spezifischer und emotionaler.

Zur Nutzung dieses Modells für die Positionierung von Marken sind folgende Arbeitsschritte zu durchlaufen:

1. Erforschung der Konsumbedürfnisse bezogen auf die jeweilige Kategorie bzw. Warengruppe
2. Strukturierung der als wesentlich erachteten Bedürfnisse in Form von Nutzen in eine eigene Markennutzenpyramide; Abgleich der Stärken der Marke und ihrer Produkte (**Relevanz** und **Glaubwürdigkeit** der Positionierung)
3. Analyse der Positionierungen der zentralen Wettbewerber über die Analyse aktueller Formen der Werbung. Integration der Ergebnisse in eine fremde Markennutzenpyramiden (**Eigenständigkeit** und **Differenzierung**)

■ Abb. 2.2 Markennutzenpyramide am Beispiel Autofahren. (Quelle: Heun 2014, S. 39)

4. Konzentration auf einen Markennutzen der eigenen Markennutzenpyramide, der die Marke von den Kernwettbewerbern unterscheidet (**Fokussierung**)

■ **PoP-und-PoD-Modell**

Auch das POP-und-POD-Modell wird erstens durch das hohe Maß an Konsumentenorientierung und zweitens durch die starke USP-Fokussierung gekennzeichnet. Der zentrale Unterschied zum Modell der Markennutzenpyramide besteht in der starken Orientierung an einem zentralen Kategorienutzen und weniger in der Entwicklung einer Vielzahl an möglichen Markennutzen. Dieser „Point of Parity" (PoP) steht für eine Art Grundnutzen, den Marken einer bestimmten Kategorie bzw. auf diesem spezifischen Markt bieten müssen, um überhaupt als relevante Alternativen für Konsumenten in Frage zu kommen. Im Rahmen der strategischen Markenanalyse gilt es, diesen Basisnutzen durch die Entwicklung und Akzentuierung eines differenzierenden „Points of Difference" (PoD) bzw. eines Zusatznutzens zu einer Positionierung zu ergänzen (s. ■ Abb. 2.3).

Zur Nutzung dieses Modells für die Positionierung von Marken sind folgende Arbeitsschritte zu durchlaufen:

1. Erforschung des zentralen Bedürfnisses der Zielgruppe in Bezug auf die Kategorie bzw. Warengruppe (Relevanz)
2. Analyse der Markenkommunikation der Wettbewerbermarken zwecks Identifikation der Konkurrenz-PoDs (Differenzierung)
3. Entwicklung eines eigenen, authentischen Markennutzens jenseits des Kategorienutzens (Glaubwürdigkeit und Fokussierung)

Beide Modelle sind geeignet, ohne viele Umwege eine nutzenorientierte Unique Selling Proposition für eine Marke zu entwickeln. Der über diesen Weg identifizierte Nutzen

McDonald's	**Burger King**
Point of Difference: Liebe	Geschmack
Point of Parity: Schnell & günstig, lecker essen und satt werden	Schnell & günstig, lecker essen und satt werden

□ Abb. 2.3 PoP-und-PoD-Modell am Beispiel eines Fastfood-Restaurants

der Marke sollte in einem letzten Schritt noch dem narrativen Charakter der Elemente des Creative Briefs angepasst werden. Hierzu bietet sich z. B. die Formulierung der nutzenorientierten Positionierung in Form eines **Positioningstatements** an.

Beispiel: Markenpositionierung der Marke *Superbrain*
Markenpositionierung (Ist)
Wie ist die Marke heute positioniert?
Die Marke *Superbrain* wird heute als günstige und leicht „verrückte" Alternative zu den etablierten Energy-Drink-Marken wahrgenommen.

Als Ergänzung zu der Positionierung der Marke ist es oft sinnvoll, den **Markencharakter** zu definieren (Kapferer 1992, S. 51). Hierbei handelt es sich, ausgehend von der Vorstellung der **Markenpersönlichkeit**[5], um die Annahme, dass auch Marken quasi „menschliche" Eigenschaften zugeschrieben werden können. Die Definition derartiger Merkmale hat im Kern zwei Funktionen: Erstens sollen über eine für die Zielgruppe erfahrbare Markenpersönlichkeit (oder auch „Markenidentität") entsprechend „markenähnliche" Konsumentenpersönlichkeiten erfolgreicher angesprochen werden. Zweitens verspricht eine derartig „menschliche" Profilierung einer Marke auch eine Erleichterung der Kommunikation der Besonderheiten bei internen Prozessen, z. B. wenn Dienstleister erstmalig in den Kontakt zu der Marke treten und schnell bzgl. der Markenbesonderheiten „gebrieft" werden sollen.

Konkret wird diese Herausforderung oft durch die Ergänzung der Markenpositionierung durch eine kurze Liste von Adjektiven „beschrieben" (siehe auch „Tonalität der Werbung" in ► Abschn. 2.9).

---

5   Nach Aaker (1997, S. 347) ein „set of human characteristics associated with the brand".

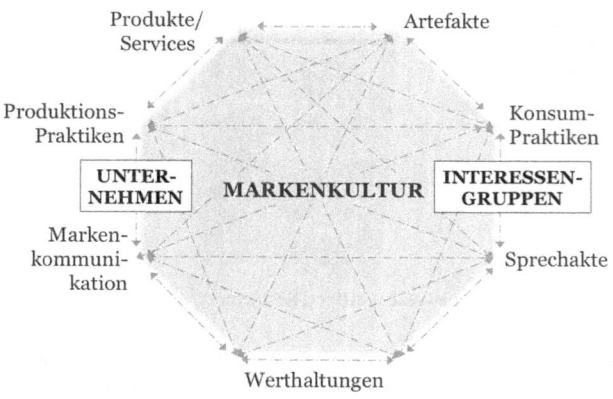

□ **Abb. 2.4** Modell der Markenkultur. (Quelle: Heun 2014, S. 44)

- **Modell der Markenkultur**

Einen weiteren Markenpositionierungsansatz stellt das Modell der Markenkultur dar (Heun 2014). Kulturtheoretische Perspektiven auf das Konzept der Marke haben im Zuge der Dynamisierung der Konsumentenorientierung und der Digitalisierung der Medien stark an Bedeutung gewonnen (vgl. u. a. Holt 2004; Heun 2009, 2014). Während Markenkommunikation in Zeiten klassischer Medien primär als „One-Way-Kommunikation" von Unternehmen in Richtung der Konsumenten begriffen und gestaltet wurde, haben Botschaften und Kommentierungen von Mediennutzern zu Marken mit den digitalen Verbreitungsmöglichkeiten sozialer Netzwerke an Bedeutung gewonnen. Diesem Aspekt wird im Modell der Markenkultur durch ein Verständnis von Markenkultur Rechnung getragen, welches Marke und ihre Kultur als ein Gewebe von Bedeutungen definiert, das von Unternehmen und Interessengruppen (hier insbes. Konsumenten) gemeinsam „gesponnen" und am Leben erhalten wird (s. □ Abb. 2.4; vgl. Heun 2014, S. 44).

Eine Gemeinsamkeit der unterschiedlichen Positionierungsmodelle stellt die Orientierung an Werten dar. Werte stellen in Anlehnung an Kluckhohn (1951, S. 395) individuelle oder kollektive Vorstellungen über wünschenswerte Zustände dar. Aufgrund ihres fundamentalen Charakters lassen sich Werte auch als „kulturelle Frames" verstehen, die „das Handeln der Akteure rahmen und alles andere [...] ausblenden können" (Esser 2001, S. 312). Ein hohes Maß an Zentralität kommt Werten in Definitionen von Kultur zu. Hier bilden sie oft das gemeinsame Fundament, welches Individuen als Teil dieser Kultur Orientierung im Rahmen ihrer alltäglichen Handlungen bietet. Kapferer (1992, S. 52) überträgt diesen Gedanken wie folgt auf das Konzept der **Markenidentität:**

» Die Marke bildet ein kulturelles Ganzes. Jedes Produkt entsteht aus einer bestimmten Kultur und ist die physische Konkretisierung und Stütze (im Sinne der Medien)

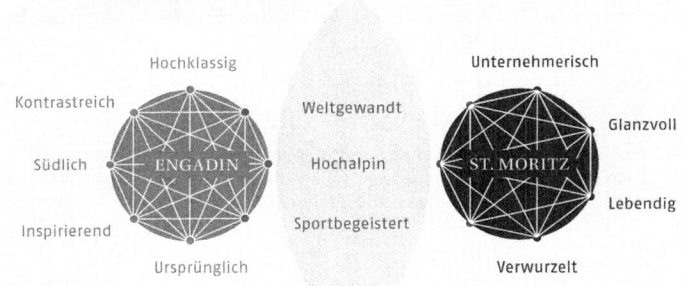

☐ **Abb. 2.5** Wertemodell der Marke *ENGADIN St. Moritz*. (Quelle: Tourismusorganisation Engadin St. Moritz)

dieser Kultur. Kultur bezeichnet in diesem Zusammenhang ein Wertesystem, das Quelle von Inspiration und Energie der Marke ist. Die kulturelle Facette entspricht den Grundprinzipien, die Produkte und Kommunikation der Marke steuern. Es handelt sich um eine fundamentale Facette, die Verankerung der Marke.

Marke steht bei Kapferer unter dem Einfluss einer Kultur von Unternehmen und einer Umwelt (z. B. Kultur einer Nation), wobei sich aus dem kulturellen Wertesystem die „Grundprinzipien" von Marken ergeben.

Beispiel: Markenpositionierung bei Städten und Regionen
Ansätze zur Markenpositionierung lassen sich auch auf Städte oder Regionen anwenden. Regionen wie das Engadin und St. Moritz stehen, trotz regionaler Nähe, für jeweils unterschiedliche Qualitäten. Die Bündelung der Vermarktungsaktivitäten der Region unter dem Markennamen *ENGADIN St. Moritz* machte auch hier die Zusammenführung der Einzelmarken *Engadin* und *St. Moritz* im Rahmen eines strategischen Positionierungsansatzes unerlässlich. Hierbei wurden im ersten Schritt die Kernwerte für beide Marken definiert und im zweiten Schritt aufeinander abgestimmt bzw. zusammengeführt (s. ☐ Abb. 2.5).

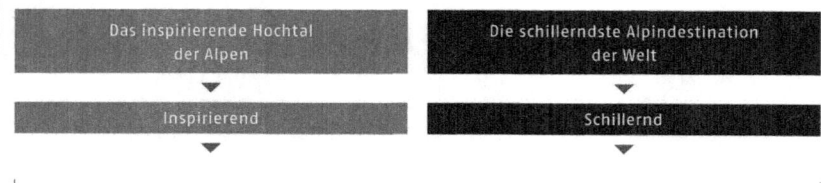

ENGADIN ST. MORITZ

«Mit magischem Licht im weiten Hochtal und hochklassigen, kontrastreichen Angeboten sowie der schillerndsten Alpindestination der Welt bietet Engadin St. Moritz sowohl Inspiration für Natur-, Sport- und Kulturbegeisterte als auch eine Bühne für seine glanzvollen Gäste.»

Inspirierend =	Schillernd =
Anregend, kreativ, begeisternd, stimulierend, erquickend, erfrischend, belebend, beflügelnd, vitalisierend, tief und nachhaltig ansprechend, wirkend, faszinierend, zauberhaft, erfüllend	Abwechslungsreich, ereignisreich, spektakulär, funkelnd, glanzvoll, reizvoll, dynamisch, grandios, strahlend, leuchtend, Aufsehen erregend, schimmernd, extravagant, einzigartig, glänzend, facettenreich, ausgefallen, lebendig, geistreich

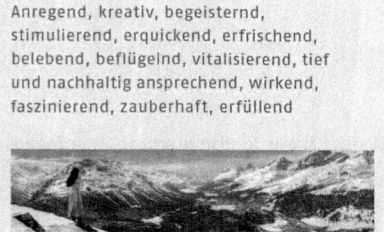

Laut Wörterbuch:
Unter Inspiration (von lat.: inspiratio = Besee-lung, Einhauchen von «spiritus» = Leben, Seele, Geist) versteht man allgemeinsprachlich jene mentale Kraft, die neue Ideen hervorbringt

Laut Wörterbuch:
In wechselnden Farben bzw. Graden von Helligkeit glänzend

◼ **Abb. 2.6** Markenpositionierungsmodell der Marke *ENGADIN St. Moritz*. (Quelle: Tourismusorganisation Engadin St. Moritz)

Wesentlicher Bestandteil eines derartigen Positionierungsprozesses ist die Fokussierung auf eine geringe Anzahl an Kernwerten. Sets aus zehn und mehr Werten führen zu unklaren Profilen und beliebigen Markenpositionierungen. Im Falle *ENGADIN St. Moritz* bildete eine Auswahl an Werten die Basis für eine über diesen Wertekosmos hinausgehende Profilierung der Marke (s. ◼ Abb. 2.6).

Auch hier wurden im ersten Schritt die Markenwerte für beide Teilmarken separat in jeweils ein Markenversprechen überführt, wobei die zentralen Nutzen eine besondere Hervorhebung erfahren (*Engadin* = inspirierend; *St. Moritz* = schillernd). Abgebunden wird das Modell durch ein Markenversprechen, welches die Fokussierung auf eine Kernbotschaft und ein Set an für die Marke wichtigen Werten (Natürlichkeit, Glanz etc.) ermöglicht.

Bezüglich der Umsetzung einer Markenpositionierung herrscht ein modellübergreifender Konsens, dass jeder „Touchpoint" zu der Zielgruppe genutzt werden sollte, um die besonderen Qualitäten von Marken zu kommunizieren und die Marke zu profilieren. Eine herausragende Bedeutung nimmt in diesem Zusammenhang die Imagekommunikation ein. Imagemotive haben die primäre Funktion, Positionierungen von Marken – ohne darüber hinausgehende Aufgaben wie z. B. den Transport von konkreten Produktinformationen – in Richtung der Zielgruppen zu transportieren. ◘ Abb. 2.7 zeigt ein Imagemotiv der Einzelmarke *St. Moritz*, welches den Markenkern der „schillerndsten Alpendestination der Welt" in Form einer Printanzeige transportieren soll.

2.4 Die Zielgruppe

Auch an dem Konzept der Zielgruppe (ZG) lässt sich die Praxis der Fokussierung bei der Entwicklung von Werbung idealtypisch verdeutlichen. Auch wenn es oft schwerfällt, bestimmte Gruppen von Menschen als Adressaten von werblicher Kommunikation auszuschließen, basiert das Konzept auf zentralen kommunikationstheoretischen und betriebswirtschaftlichen Grundannahmen.

1. **Kommunikationstheoretisch** steigt die Chance der Aufmerksamkeit für und der Auseinandersetzung mit Botschaften mit dem Grad der individuellen Relevanz dieser Botschaften. Erst wenn diese Relevanz entsteht, kommt es zu einem höheren Maß an **„Involvement"**, was einen der zentralen Erfolgsfaktoren für die Wirkung von Werbung darstellt.

   Je spezifischer das Angebot auf bestimmte Gruppen von Menschen und ihre Interessen zugeschnitten ist, umso wahrscheinlicher ist ein hohes Maß an Involvement bzw. „Ich-Beteiligung" (Kroeber-Riel 1993).

2. Auch **betriebswirtschaftlich** ist es im Sinne einer optimalen Nutzung der Marketingbudgets sinnvoll, sich auf die Ansprache von bestimmten Zielgruppen zu konzentrieren. Die Definition einer Zielgruppe stellt im Prozess der Werbegestaltung und Mediaplanung einen wichtigen Schritt bei der Analyse der Erreichbarkeit von Konsumenten dar. Erst wenn eine Werbezielgruppe definiert wurde, ist es möglich, die Kosten des Kontaktierens dieser Zielgruppe zu kalkulieren. Denn: Jeder Kontakt zu einem Mediennutzer wird den werbetreibenden Unternehmen von Medienagenturen (und Medienhäusern) in Rechnung gestellt. Ökonomisch effizientes Werben bedeutet demnach auch immer die Eingrenzung von Zielgruppen und damit die Vermeidung von **„Streuverlusten"**.

◘ Abb. 2.7 Imagemotiv der Marke *St. Moritz*. (Quelle: Tourismusorganisation Engadin St. Moritz)

Beispiel: Involvement

Sportwagen werden oft von Männern mit einem hohen Einkommen gefahren (und gekauft). Dementsprechend ist es kommunikationstheoretisch sinnvoll, die Werbung auf diese stark involvierte Zielgruppe zuzuschneiden. Das garantiert noch keinen werbeinduzierten

Kaufakt, aber zumindest eine Aufmerksamkeitsleistung aufgrund des in dieser Zielgruppe vorhandenen überdurchschnittlichen Involvements.

Merke!

Als **Streuverlust** wird der Werbekontakt zu Mediennutzern bezeichnet, die, aufgrund ihrer soziodemographischen und/oder psychographischen Merkmale, ein geringes bzw. kein Interesse an dem Erwerb der beworbenen Produkte oder Services haben.

2.4.1 Zielgruppenbestimmung und -beschreibung

Im Zuge der Differenzierung und Pluralisierung von Lebensformen ist auch die Komplexität der Bestimmung von Kommunikationszielgruppen gestiegen. Ließen sich große Gruppen von Konsumenten bis Mitte des 20. Jahrhunderts noch aufgrund ihrer Klassenlage (z. B. „Arbeiterklasse") oder ihrer Schichtzugehörigkeit (z. B. „Mittelschicht") als potenzielle Konsumenten für bestimmte Waren identifizieren, führte die gesellschaftliche **Individualisierung** zu einer neuen Vielfalt an Lebensformen. Im Zuge der Ausdifferenzierung spezifischer Lebensformen (z. B. „Yuppies") hat die Kombination von **soziodemografischen Merkmalen** wie Alter, Geschlecht oder Haushaltseinkommen mit **psychografischen Merkmalen** wie Einstellungen oder Werthaltungen bei der Eingrenzung und Beschreibung von Zielgruppen stark an Bedeutung gewonnen. Darüber hinaus hat die Individualisierung der Mediennutzung im Zuge der Digitalisierung das Erfordernis nach einer umfangreicheren Abbildung von Mediennutzung und Interessen erhöht.

> ❯ Auf den Punkt gebracht: Während klassische Medien oft versuchen, die Mediennutzer durch standardisierte Angebote (wie z. B. Nachrichtensendungen) zu erreichen, erlauben digitale Medien wie *Facebook* den Nutzern die individuelle Steuerung der über diese Plattformen ausgespielten Inhalte.

Das geschieht bspw. in sozialen Netzwerken über das Freundesnetzwerk und „Likes" von *Facebook*-Seiten. Die Likes der *Facebook*-Seiten fungieren demnach als Ausdruck persönlicher Interessen (wie z. B. Sport) und stellen, im Gegenteil zu soziodemografischen Angaben, verlässliche Quellen psychografischer Merkmale dar.

Beispiel: Zielgruppenbeschreibung für eine Dienstleistung aus dem Bereich Immobilien.
Die Zielgruppe besteht zu etwa gleichen Teilen aus Frauen (53 %) und Männern (47 %). Entsprechend ihrer guten Ausbildung (60 % Hochschulreife) verfügen die der Zielgruppe

Angehörigen über ein gehobenes Haushalts-Nettoeinkommen (53 % verdienen 3000 € und mehr). Sie sind es gewohnt, ihr Leben selbst in die Hand zu nehmen und kreativ zu gestalten (36 %). Das Thema Wohnen und Einrichten ist ihnen wichtig und sie haben eine entsprechend hohe Ausgabenbereitschaft in diesem Bereich (74 %). Die Mehrheit hat bereits eine Familie gegründet (62 % leben mit eigenen Kindern) oder befindet sich in der Etablierungsphase. 90 % wollen demnächst Wohneigentum erwerben oder interessieren sich konkret für den Kauf von Immobilien.
(Datenbasis: Institut für Demoskopie Allensbach 2009)

Die Bestimmung und Beschreibung von Zielgruppen lässt sich als dreistufiger Prozess darstellen:

1. **Analyse des Potenzials zur Wahl stehender Zielgruppen:** Ist die avisierte Zielgruppe groß genug bzw. verfügt sie über eine ausreichende Kaufkraft?
2. **Definition der Zielgruppe:** Wie lässt sich die Zielgruppe anhand soziodemografischer und psychografischer Merkmale möglichst klar vom Rest der Bevölkerung abgrenzen?
3. **Beschreibung der Zielgruppe:** Wie lässt sich die Zielgruppe möglichst prägnant beschreiben bzw. „zum Leben erwecken"?

Die Qualität der Zielgruppenbestimmung und -beschreibung lässt sich anhand folgender Kriterien und Fragestellungen bewerten:

1. **Potenzial:** Ist die bestimmte ZG groß genug, um die Werbeziele zu erreichen?
2. **Involvement bzw. Affinität:** Hat die Zielgruppe ein klares Bedürfnis, das zu bewerbende Produkt zu konsumieren?
3. **Klarheit:** Entsteht durch die Beschreibung auch für Dritte ein klares Bild der Zielgruppe?

Bei der Entwicklung von Werbung steht die strategische Entscheidung für eine bestimmte Zielgruppe oft am Anfang eines längeren Prozesses operativer Herausforderungen. Aufgrund des stark interdisziplinären Entwicklungsprozesses der Werbeentwicklung ist das gemeinsame Verständnis der zu adressierenden Zielgruppe(n) essenziell für das Erreichen von Kommunikationszielen. Aus diesem Grund ist – neben der betriebswirtschaftlichen Analyse des Potenzials einer Zielgruppe – die klare und prägnante Beschreibung und Vermittlung einer Zielgruppe von entscheidender Bedeutung. Dieses Erlebbarmachen von Zielgruppen sollte sowohl durch die datenbasierte Beschreibung der Zielgruppen als auch durch die Visualisierung der Werbezielgruppe in Form von Bildercollagen (**„Moodboards"**), Videos oder Zeichnungen geschehen.

Zu einer klaren Zielgruppenprofilierung gehört in Zeiten digitaler Medien auch die Fokussierung auf erstens für die ZG besonders interessante Themen und zweitens auf

Angaben zur Mediennutzung. Digitale Medien bieten Marken eine Fülle an Möglichkeiten, Zielgruppen auch jenseits der werblichen Ansprache zu involvieren (und an die Marke zu binden). Persönliche Merkmale werden in diesem Zusammenhang oft in Form von **Personas,** Beschreibungen von fiktiven Personen, geschildert.

Beispiel: Merkmale einer Persona

Franzi ist 22 Jahre und studiert im dritten Semester BWL. Sie wohnt in einem Studentenwohnheim in Köln, treibt viel Sport, reist gerne und geht häufig aus. Sie besitzt statt eines Fernsehers ein Smartphone, ein Tablet und einen Laptop. Klassische Printmedien nutzt sie nicht mehr. An sozialen Netzwerken nutzt sie Facebook und Instagram. Hier postet sie primär rund um ihre Themen Sport, Party und Reisen. Die Mediennutzung von Franzi wird stark durch den Gebrauch des Smartphones dominiert. Dieses hat sie ständig griffbereit, und sie nutzt es inzwischen auch für den Konsum von Videos über Streamingportale. Tablet und Laptop nutzt sie primär für ihr Studium.

Im Falle von Franzi wäre es sinnvoll, kurze Reiseberichte von Verwendern in Form von Artikeln oder Videos im Web bzw. Social Networks zu platzieren. Damit derartiger **Branded Content** die ZG auch wirklich erreicht und eine entsprechende Reichweite und Anzahl Kontakte generiert, sind zudem Infos über die Mediennutzung (Kanäle und/oder Formate) essenziell.

▪ Customer Touchpoints und Customer-Journey-Analyse

Im Rahmen der Beschreibung von Personas können auch die relevanten **Customer Touchpoints** definiert werden. Die Definition derartiger Kontaktpunkte hat im Rahmen der Digitalisierung weiter an Bedeutung gewonnen, da der Online-Kaufakt mitunter unmittelbar auf den digitalen Werbekontakt folgt. Hierbei handelt es sich um die Wege und Kanäle, über die ein Kontakt zu der Zielgruppe möglich bzw. wahrscheinlich ist. Hierzu wäre es notwendig, die Informationen zu den idealtypischen Nutzungssituationen und -zeiten zu ergänzen.

Beispiel: Customer Touchpoints einer Persona

Franzi greift morgens nach dem Aufwachen im Bett zum ersten Mal an diesem Tag zu ihrem Smartphone, um Textnachrichten zu beantworten und E-Mails zu lesen. Beim Frühstück nutzt sie via Smartphone-App ihre Sozialen Netzwerke Facebook und Instagram, um Nachrichten aus ihrem Bekanntenkreis zu lesen. Energy-Drinks trinkt sie – wenn überhaupt – nur zu besonderen Anlässen. An der Uni, wenn die Müdigkeit aufgrund öder Vorlesungen zu groß wird, oder auf Partys, um noch länger wach bleiben zu können. Sie kauft die Drinks entweder im Supermarkt (für die Uni) oder direkt in Bars oder Diskotheken. Die Websites von Marken wie Red Bull etc. besucht sie nicht – wieso auch? Sie ist Joggerin und kein „Adrenalin-Junkie".

Eine **Customer-Touchpoint-Analyse** sollte über folgende Merkmalsausprägungen informieren:

- Produktnutzung „ja" oder „nein"? Wenn ja: wie häufig? In welchen idealtypischen Situationen?
- Einkauf online oder stationär? Kontakt zu Mitarbeitern der Marke?
- Kontaktmöglichkeiten postalisch oder digital vorhanden? Wenn ja: wie genau?
- Nutzung Website/Online-Shop?
- Erreichbarkeit über Medien? Welche genau?
- Möglichkeit des Kontakts via digitale Medien? Wenn ja: welche genau?

Sind erst einmal die Customer Touchpoints identifiziert, lassen sich diese vom ersten Kontakt der Marke bis zum Kaufakt (in idealtypischer Form) als Resultat einer **Customer-Journey-Analyse** bzw. einer Analyse des Customer Lifecycles abbilden.[6] Hierbei handelt es sich um einen grundlegenden Prozess in drei Schritten: vom Konsumenten (1.) zum Käufer/Kunden (2.) bis zu dem Punkt, wo sich der Kunde für ein Konkurrenzprodukt entscheidet und als „ehemaliger Kunde" (3.) bezeichnet werden muss. In Abhängigkeit des Status existieren unterschiedliche Erwartungen, die in Form von Einsichten in das Konsumentenverhalten **(Consumer Insights)** formuliert werden sollten.

Beispiel: Consumer Insights einer Persona
Franzi hat früher mehr Energy-Drinks als heute getrunken. Sie weiß, es fehlt ihr etwas, aber der süße Geschmack der Drinks – ob mit Zucker oder ohne – stößt sie ab.

2.4.2   Methoden der Zielgruppenanalyse und -forschung

Die Methoden der Zielgruppenforschung lassen sich analog genereller Forschungsparadigmen in primäre und sekundäre sowie in **qualitative** und **quantitative Methoden** unterteilen. Als **Primärforschung** gelten alle Analysen, für die eigene, „primäre" Daten erhoben werden. Im Rahmen von **Sekundäranalysen** werden bestehende Datensätze zwecks Zielgruppenbestimmung und -beschreibung „sekundär" untersucht (s. ◘ Abb. 2.8).

Darüber hinaus lassen sich die Methoden der Zielgruppenforschung in quantitative und in qualitative Methoden unterteilen. Während bei der quantitativen Forschung Quantifizierung und statistische Auswertung im Vordergrund stehen („Wie hoch ist das durchschnittliche Monatseinkommen von Nutzern der Marke x heute?"), ist das Ziel qualitativer Forschung eher die Erlangung eines grundlegenden Verständnis-

---

6   „The great brands today understand what people are interested in an work back from there."
   (Kay 2013, zitiert nach Wind und Hays 2016, S. 69)

PRIMÄRE ZG-FORSCHUNG	**SEKUNDÄRE ZG-FORSCHUNG**
VORTEILE + Angepasst an individuelle Bedürfnisse der Marke + Exklusiver Zugang + Aktuelle Daten	+ Schneller Zugang zu den Daten + Geringe Kosten + Ggf. Quelle für weitere Erkenntnisse jenseits der Kernfrage
NACHTEILE − Hohe Kosten − Hoher Zeitaufwand von der Erhebung bis zur Analyse − Methodenkenntnisse bei der Studiendurchführung gefragt	− Nicht angepasst an individuelle Fragestellung − Keine Exklusivität des Zugangs zu den Daten (auch für Wettbewerber verfügbar) − Oft wenig aktuelle Daten

◘ Abb. 2.8 Vor- und Nachteile von Primär- und Sekundärforschung im Marketing

ses von Phänomenen („Was fühlen die Menschen beim Autofahren?"). Eine Übersicht über die zentralen Kennzeichen quantitativer und qualitativer Forschung zeigt ◘ Abb. 2.9. Zentrale Forschungsmethoden dieser beiden Forschungsansätze finden sich in ◘ Abb. 2.10.

Bei der Erforschung von Zielgruppen handelt es sich um einen wenig standardisierten (Er-)Forschungsprozess. Die Planung und Umsetzung primärer Forschungsprojekte erfordert Zeit und Geld. Beides ist im Marketingkontext und bei der Entwicklung von Werbemaßnahmen häufig nur in geringem Umfang vorhanden. Aus diesem Grunde haben erstens sekundäre Forschungsmethoden und zweitens ein virtuoser Mix an Desk Research-Aktivitäten eine vergleichsweise große Bedeutung. Dieser Prozess beginnt in der Regel mit der Sammlung von Daten, die mit quantitativen Methoden erhoben wurden. Hierbei steht die Beantwortung folgender Fragen im Vordergrund:

- Wie viele Menschen umfasst die Zielgruppe?
- Wie sind zentrale soziodemografische Merkmale wie Geschlecht, Alter und Schulbildung ausgeprägt?
- Wie lassen sich psychografische Merkmale aus dem Bereich Freizeitinteressen und Konsumpräferenzen beschreiben?

Wurden diese Daten zu einer ersten Zielgruppendefinition und -beschreibung aggregiert (s. ▶ Abschn. 2.4.1), folgt häufig eine zweite Phase, in der es um das Erlangen eines tieferen Verständnisses von Einstellungen und Motivationen der Zielgruppe geht, die sich mittels quantitativer Daten in der Regel nicht entschlüsseln lassen. Bei

QUANTITATIVE FORSCHUNG	QUALITATIVE FORSCHUNG
✓ Hohe Anzahl an Fällen	✓ Geringe Anzahl an Fällen
✓ Vorstrukturiert & standardisiert	✓ Wenig vorstrukturiert
✓ Testen von Thesen/Hypothesen	✓ Nach Thesen/Hypothesen suchen
✓ Messen & beschreiben	✓ Verstehen & interpretieren
✓ Statistisch repräsentativ	✓ Explorativ

◘ Abb. 2.9 Kennzeichen quantitativer und qualitativer Forschung

QUANTITATIVE METHODEN	QUALITATIVE METHODEN
– Strukturiertes Interview	– Wenig o. teilstrukturiertes Interview
– Apparative Testverfahren	– Gruppendiskussion
– Social-Media-Analyse	– Beobachtung
– Quantitative Inhaltsanalyse	– Qualitative Inhaltsanalyse

◘ Abb. 2.10 Quantitative und qualitative Forschungsmethoden

der Anwendung qualitativer Methoden der Zielgruppenforschung bzw. der Analyse qualitativer Daten steht die Beantwortung folgender Fragen im Vordergrund:

- Wieso konsumiert die Zielgruppe bestimmte Produkte (nicht)?
- Welche Bedeutung haben bestimmte Marken für die Zielgruppe?
- Wonach strebt die Zielgruppe im Leben?

Eine der zentralen Herausforderungen im Bereich der qualitativen Zielgruppenforschung ist die Erlangung eines umfassenden und tiefgehenden Verständnisses von Lebenswelten und Konsumverhalten jenseits oberflächlicher Momentaufnahmen.

Beispiel: Zielgruppe der Marke *Superbrain*
Zielgruppe

Welche Gruppe von Konsument/innen soll angesprochen werden? Welche Themen interessieren sie besonders? Über welche Medien können wir sie erreichen, begleiten und involvieren?
Die Zielgruppe (ca. 12 Mio.) besteht zu jeweils 50 % aus Männern und Frauen im Alter von 18 bis 39 Jahren. Sie befinden sich noch in der Ausbildung oder am Anfang ihres beruflichen Werdegangs. Sie leben ihr Leben aktiv und weitestgehend selbstbestimmt in Städten oder urbanen Zentren im deutschsprachigen Raum. Karriere ist nicht alles für sie.

Sie wollen einen guten Lebensstandard (in der Mittelschicht) erreichen und ausreichend Zeit für Familie, Freunde und Reisen haben. Natürliche Ernährung ist für sie nicht zentral, sie versuchen jedoch zunehmend, ungesunde Konsumgüter (Zigaretten, zu viel Fleisch, Zucker) oder „Dickmacher" zu vermeiden.

Sie interessieren sich für folgende Themen:
- Karriere
- Familie
- (Trend-)Sportarten
- Reisen
- Ausgehen
- Digitales

Sie nutzen insbesondere digitale Medien:
- Soziale Netzwerke (Facebook, Instagram etc.)
- Streamingdienste (Netflix, Amazon Video, Spotify etc.)

2.5 Consumer Insight

Ein zentrales Ziel der strategischen Werbeplanung liegt in der Erzielung von Relevanz für Zielgruppen. Für die Entwicklung von relevanter Werbung ist es essenziell, die Forschungserkenntnisse zu der Zielgruppe in Form von **Consumer Insights** zusammenzufassen.

> **Merke!**
>
> **Consumer Insights** sind zentrale Erkenntnisse über Motive, Bedürfnisse, Einstellungen und Erwartungen von Zielgruppen in Bezug auf bestimmte Produkte und Marken.

Eine zentrale Bedeutung bei der Entwicklung von auf Consumer Insights basierender Werbung nimmt die Fokussierung auf zentrale **Bedürfnisse** der Zielgruppe ein. Mit der mehr oder weniger direkten Ansprache dieser Bedürfnisse wird die Hoffnung verbunden, dass die Angebote der beworbenen Marke zu Mitteln zum Zweck der Bedürfnisbefriedigung werden.

> ❯❯ **Auf den Punkt gebracht: Gute Werbung erzielt Relevanz durch die Orientierung an Bedürfnissen der Zielgruppe.**

Consumer Insights können als forscherisches Pendant zu der Fokussierung von Werbung auf ein zentrales „Versprechen" verstanden werden. Der Insight ermöglicht die Berücksichtigung von Wünschen, verdeckten Motiven oder Unzufriedenheit von Zielgruppen bei der Entwicklung von Werbung. Consumer Insights sind weniger Teil eines kreativen Prozesses als vielmehr Ergebnis des Prozesses der Zielgruppenforschung. Sie repräsentieren Einblicke in das Leben von Zielgruppen, die als zielgruppenübergreifend geteilte Muster des Verhaltens und Erlebens angesehen werden können.

Beispiel: Consumer Insight
Zielgruppe Männer und Frauen im Alter von 18 bis 35 Jahren mit einem mittleren bis hohen Bildungsniveau, Wohnort in einem urbanen Zentrum:
„Ich müsste mich mehr um meine Finanzen kümmern und mit dem Thema Geldanlage beschäftigen. Leider bin ich nie in der entsprechenden Stimmung."

Beispiel: Werbeversprechen
Hypovereinsbank: „Leben Sie. Wir kümmern uns um die Details."

Die Erforschung und Entdeckung von Consumer Insights erfordert neben der Kenntnis von Methoden der Zielgruppenforschung die Bereitschaft, sich auf das Leben unterschiedlicher Zielgruppen einzulassen. Relevante Consumer Insights sind das Resultat eines Prozesses, in dem sich Marketing Researcher mit einem hohen Maß an Neugier und Empathie auf die Suche nach zentralen Beweggründen oder Barrieren des Konsums machen.

Methodisch ist es hierbei entscheidend, nah an das Leben der Zielgruppen in deren Alltag zu kommen. Aus diesem Grund eignen sich qualitative Methoden, wie das **Tiefeninterview** oder auch die **teilnehmende Beobachtung,** sehr viel besser als quantitativ-standardisierte und wenig flexible Methoden.

Vorteile der Entwicklung von Werbung auf der Basis von Consumer Insights:
- Ein größeres Verständnis für die Zielgruppen
- Ein höheres Maß an Nutzerrelevanz des Marketings

■ Eine höhere Akzeptanz von Werbung
■ Eine größere Nachfrage nach Produkten
■ Eine stärkere Bindung von Menschen an Marken

Beispiel: Consumer Insight zu der Zielgruppe der Marke *Superbrain*
Consumer Insight
Was ist das zentrale Konsumbedürfnis der Zielgruppe? Alternativ: Welche Barriere verhindert heute am ehesten den Konsum unserer Produkte?
„Von Zeit zu Zeit sind Energy-Drinks wirklich fantastisch: Sie machen schnell wach und lassen sich auch gut mit anderen Getränken mischen. Aber leider schmecken sie oft sehr süß und haben so viele Kalorien, dass man sich eher schlecht danach fühlt."

2.6 Das Werbeversprechen

Nach der Konzentration auf einen zentralen Consumer Insight bedarf es im nächsten Schritt der Entwicklung eines strategischen Pendants in Form eines Werbeversprechens. Während der Consumer Insight die Perspektive der Zielgruppe im Sinne einer Anspruchshaltung an die Marke symbolisiert, stellt das **Werbeversprechen** (engl. **„promise"**) eine Art fokussierte „Antwort" der Marke auf diese Zielgruppenerwartung dar.

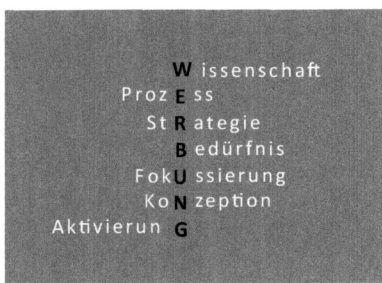

▶ **Auf den Punkt gebracht: Gute Werbung ist immer auch eine hochgradig fokussierte Art der Kommunikation.**

Aufgrund der starken Orientierung des Werbeversprechens an der Relevanz für eine Zielgruppe ist bei der Entwicklung der Werbeversprechen eine Fokussierung auf konkrete Nutzen zentral. Aus diesem Grund wird das Werbeversprechen auch als „Nutzenversprechen" der Werbung bezeichnet.

Beispiele: Werbeversprechen
- *Media Markt*: Markenprodukte müssen nicht teuer sein.
- *Ikea*: Create a better everyday life for many.
- Diätprodukte: Abnehmen, ohne auf Genuss zu verzichten.

Der Weg zu einem konkreten Nutzenversprechen ist in der Regel das Resultat eines längeren Hin und Hers zwischen der Marken- und der Konsumentenperspektive. Die Marketingverantwortlichen des Unternehmens beginnen im ersten Schritt mit der Erarbeitung einer Liste an positionierungskompatiblen Markennutzen. Diese werberelevanten Markenproduktnutzen werden im zweiten Schritt den zentralen Consumer Insights gegenübergestellt und mit diesen verglichen. Im dritten Schritt gilt es, die aus betriebswirtschaftlicher Perspektive beste Insight-Benefit-Kombination zu wählen und die Werbung auf dieser marketingstrategischen Basis zu entwickeln.

Auch wenn es oft schwierig erscheint, sich auf den einen Consumer Insight und Consumer Benefit zu fokussieren, herrscht ein hohes Maß an Einigkeit, dass die hohe Anzahl an Werbebotschaften in Zeiten des **„Information Overloads"** (Toffler 1970) eine Fokussierung unerlässlich macht.

Die Qualität der Werbeversprechen lässt sich anhand folgender Erfolgskriterien bewerten:
- Passt das Werbeversprechen zu dem Insight und bietet es eine klare Antwort auf die im Insight formulierte Erwartungshaltung?
- Enthält das Werbeversprechen einen klaren Consumer Benefit bzw. Nutzen?
- Passt das Werbeversprechen zu der Positionierung der Marke?
- Ist das Werbeversprechen auch für die Zielgruppe nachvollziehbar und glaubwürdig?

Im Zuge der Digitalisierung lässt sich eine Verschiebung weg von einem fokussierten **Brand Promise** zu einem eher allgemeinen **Brand Purpose** feststellen. Hierbei handelt es sich, wie bereits in ▶ Abschn. 2.3 behandelt, um das Versprechen der guten Absicht einer Marke jenseits des (in der Regel eher) kommerziellen Unternehmenszwecks.

Beispiel: *Patagonia*
Die Marke *Patagonia,* ein Hersteller von Outdoor-Bekleidung, transportierte im Jahre 2011 den Anspruch der Nachhaltigkeit im Rahmen einer „Don't Buy This Jacket"-Kampagne. Die Betrachter des Werbemittels wurden mit der auf den ersten Blick verwirrenden Aufforderung konfrontiert, das beworbene Produkt – eine Jacke der Marke *Patagonia* – **nicht** zu kaufen, sondern vielmehr ihre getragenen *Patagonia*-Jacken aufarbeiten zu lassen.
Darüber hinaus betonen Marketingmanager wie der Neuseeländer Robbert Rietbroek den zunehmend „fluiden" Charakter von Marken in Zeiten der Digitalisierung. Denn: Je stärker Marken an der Interaktion mit Konsumenten interessiert sind, umso weniger sinnvoll ist die Kommunikation von ein und demselben Werbeversprechen.

» Brand will immerse themselve into daily reality, become dynamic, and responsive (Rietbroek 2014, zitiert nach Wind und Hays 2016, S. 71).

Der Glaubwürdigkeit eines Brand Promises oder Brand Purposes kommt in jedem Falle eine besondere Bedeutung zu, da Werbeformen im Sinne verkaufsfördernder Maßnahmen generell einem hohen Maß an Kritik und Misstrauen ausgesetzt sind.

Beispiel: Werbeversprechen der Marke *Superbrain*
Promise
Mit welchem Versprechen antwortet die Marke auf das Bedürfnis/die Barriere?
„Superbrain: Aktiviert Deine Energien ganz ohne Zuckerzusatz und viele Kalorien."

2.7   Reason Why

Um die Glaubwürdigkeit von Werbebotschaften zu erhöhen, werden die Werbeversprechen oft von sog. „Reason Whys" flankiert. Hierbei handelt es sich um Argumente oder Fakten zu Marken oder Produkten, die das Versprechen der Werbung glaubwürdiger und damit überzeugender wirken lassen.

Beispiel: Werbeversprechen und Reason Why
Werbeversprechen
Solea Rasierschaum[7]: Rasieren, ohne die Haut zu irritieren.

Reason Why
- ohne Alkohol
- enthält nur natürliche Inhaltsstoffe
- dermatologisch getestet

Bei dem Beispiel des *Solea Rasierschaums* wird dem Konsumenten eine besonders hautschonende Rasur versprochen. Begründet wird diese Art der milden Rasur durch den Verzicht auf (scharfen) Alkohol, ein hohes Maß an Natürlichkeit der Inhaltstoffe und einen Hautverträglichkeitstest.

   Bei der Auswahl von Reason Whys sollte darauf geachtet werden, dass diese einen unmittelbaren Bezug zu dem Werbeversprechen haben. Zudem müssen sie einer Überprüfung durch Konsumenten und Dritte standhalten. Aus diesem Grund sind Verweise auf Prüfsiegel wie z. B. die der „Stiftung Warentest" oder besondere Zertifikate (z. B. „Fair Trade") besonders beliebt, da sie häufig als scheinbar objektive Urteile unabhängiger Institutionen wahrgenommen werden.

---

7   Fiktives Beispiel

Drei Grundregeln bei der Auswahl und Zusammenstellung von Reason Whys:

1. Orientierung am Werbeversprechen: Jeder Reason Why sollte einen klar erkennbaren Bezug zu dem Werbeversprechen und dem dort enthaltenen Konsumentennutzen haben.
2. Objektivität: Je faktischer das Argument, desto besser.
3. Fokussierung: Es sollte nur eine überschaubare Anzahl an Reason Whys verwendet werden.

Beispiel: Reason Why der Marke *Superbrain*
Reason Why
Warum sollte man der Marke dieses Versprechen glauben?
Weil *Superbrain*

- nur aus natürlichen Inhaltsstoffen besteht
- keinen Zuckerzusatz/nur Fruchtzucker enthält
- nur 10 Kalorien pro 100 ml enthält

2.8   Desired Brand Belief

Der **Desired Brand Belief** steht in Bezug zu der in ▶ Abschn. 2.3 thematisierten **Markenpositionierung.** Während es im Rahmen der Markenpositionierung gilt, den Status der Marke in Form eines Positionierungsgedankens (Ist-Positionierung) festzuhalten, zielt der **Desired Brand Belief** auf die Entwicklung der Marke und ihre Positionierung ab.

Beispiel: Desired Brand Belief der Marke *Superbrain*
Desired Brand Belief (Soll des Markenimages)
Was soll die Zielgruppe nach dem Markenkontakt denken und fühlen?
Superbrain ist die natürliche Alternative zu künstlichen Energy-Drinks wie Red Bull & Co.

Gegenüber der Markenpositionierung (▶ Abschn. 2.3) sind zwei Dinge zu beachten:

1. Inhaltlich-strategisch soll nun die Entwicklung der Marke durch die definierte Werbestrategie thematisiert werden. Folgende Frage gilt es zu beantworten: „Wie verändert und entwickelt sich die Marke durch die neue Werbestrategie?"
2. Formal wird das nicht im Rahmen eines strategischen Positionierungsgedankens (wie in ▶ Abschn. 2.3) getan, sondern in vereinfachter Form über den „Umweg" der Zielgruppenwahrnehmung. Folgende Frage gilt es zu beantworten: „Was soll die Zielgruppe nach dem Markenkontakt denken und fühlen?"

Der Desired Brand Belief lässt sich demnach als ein Konstrukt beschreiben, welches den Effekt von Werbung auf die Wahrnehmung von Konsumenten zum Gegenstand hat. Hierbei ist weniger die Meinung zur Werbung an sich, sondern vielmehr die Wirkung auf die Wahrnehmung der Marke (**Markenimage**) zentral.

2.9 Tonalität der Werbung

Durch die Definition der Tonalität der Werbung wird versucht, den auf die Strategieentwicklung folgenden kreativen Prozess nicht nur inhaltlich, sondern auch umfassend sinnlich zu steuern.

Beispiel: Tonalität der Marke *Superbrain*
Tonalität
Mit welcher Tonalität kommuniziert die Marke?
- energetisch, ohne abzuheben
- natürlich und unkompliziert
- lebenslustig

Als Leitlinien bei der Definition einer Werbetonalität
1. dienen die Positionierung der Marke sowie der **Markencharakter** bzw. die **Markenpersönlichkeit** (s. ▶ Abschn. 2.3.3).
2. können die spezifischen Ziele der Werbung (s. ▶ Abschn. 2.2) einen Einfluss auf die Tonalität haben, insbesondere wenn es sich um besonders appellative oder aktionistische Werbemaßnahmen handelt.
3. sollte dem Charakter des **Werbeträgers** bzw. des Werbemediums Rechnung getragen werden, z. B. wenn es sich um eher „junge" oder besonders hochwertig positionierte Medien handelt.

2.10 Word of Mouth (WOM)

In Zeiten digitaler Medien hat die Bedeutung von Konsumenten als Multiplikatoren von Werbebotschaften weiter zugenommen. Nach Aussage des Geschäftsführers von *Nespresso* Österreich werden bspw. 50 % der Neukunden des *Nespresso*-Clubs durch Empfehlungen von Club-Mitgliedern gewonnen (Schüller 2015, S. 136) und nach einer Studie des Marktforschungsinstituts AC Nielsen vertrauen 92 % der Konsumenten persönlichen Empfehlungen und weniger als 50 % Argumenten werblicher Maßnahmen (Wind und Hays 2016, S. 59). Das Weitererzählen und -empfehlen kann als eines der klassischen Ziele von Werbung und Markenmanagement angesehen werden. Die Verbreitung von Markenbotschaften und -inhalten über digitale Soziale Netzwerke wie *Facebook* oder *Twitter* erscheint dabei deutlich leichter erreichbar als über Face-to-Face-Kommunikation. Als Gründe hierfür sind vor allen Dingen folgende Punkte zu nennen:

1. **Geringere Hemmschwelle:** Es fällt Konsumenten in Zeiten digitaler Medien leichter, „Werbung" oder auch Motive und Filme von Marken mit anderen zu teilen. Bedeutet: Im Gegensatz zu „wertvolleren" Momenten der persönlichen Kommunikation führt die schnelle und beiläufige Art der Kommunikation dieser Netzwerke dazu, dass Nutzer derartige Inhalte verbreiten und mit anderen teilen.

2. **Größere Reichweite:** Im Vergleich mit der Face-to-Face-Kommunikation werden Beiträge über soziale Netzwerke mit einer deutlich größeren Anzahl an „Followern" oder „Freunden" geteilt.

3. **Medialität:** Digitale Inhalte können in der Regel 1:1 (z. B. als Filme) weiterverbreitet werden.

> ⊘ **Auf den Punkt gebracht: WOM hat gegenüber anderen Werbeformaten den großen Vorteil, dass diese Geschichten oder Hinweise von Dritten oft nicht als Werbung, sondern als auf positiven Erfahrungen basierende Empfehlungen wahrgenommen werden.**

Beispiel: Word of Mouth der Marke *Superbrain*
Word of Mouth
Was soll unsere Zielgruppe posten und weitersagen? Und: Wie können wir sie dauerhaft involvieren? Womit können wir dauerhaft nützlich bleiben?

- Studien und redaktionelle Beiträge, die den (absurd) hohen Zuckeranteil von Soft- und Energy-Drinks thematisieren
- Inhalte, die auf die eindrucksvolle Wirkung natürlicher Energie (z. B. bei Tieren) hinweisen

Ein entscheidendes Erfolgskriterium bei der Verbreitung über WOM liegt – neben der Attraktivität, Relevanz und dem Unterhaltungswert der Inhalte – in der Qualität und der Quantität der Kontakte. Die Qualität der Kontakte hängt davon ab, ob es gelingt, die Verbreitung in der Zielgruppe anzustoßen. Hierbei ist zudem die Unterteilung der ZG-Kontakte in Abhängigkeit ihrer „Zentralität" innerhalb Sozialer Netzwerke entscheidend. Nutzer Sozialer Netzwerke mit vielen Kontakten maximieren nicht nur die Chance, wahrgenommen (und geteilt) zu werden, sondern sie helfen auch, die Reichweite zu maximieren. Beide Annahmen basieren auf der Theorie Sozialer Netzwerke von Granovetter (1973), nach der sich Verbindungen von Menschen über soziale Netzwerke in „strong ties" (starke Verbindungen) und „weak ties" (schwache Verbindungen) differenzieren lassen.

2.11 **Thought Starter**

Der sog. „Thought Starter" ist als eine Art „Brückenkonzept" zwischen Werbestrategie und -konzept gedacht. Hiermit soll u. a. dem Vorwurf begegnet werden, dass Werbestrategien „unkreativ" bzw. „wenig inspirierend" sind. Darüber hinaus können Thought Starter von entscheidender Bedeutung sein, wenn es um die Erzielung eines Verständnisses der Strategie auf Seiten der Kreativteams geht.

Beispiel: Thought Starter der Marke *Superbrain*
Thought Starter
Welche Ideen/Ansätze können helfen, die Strategie schnell zu verstehen?
Im Falle der Marke *Superbrain* soll das Nutzenversprechen, *„die natürliche Alternative zu den künstlichen Energy-Drinks wie Red Bull & Co"* anhand von möglichen konzeptionellen Routen verdeutlicht werden. Hierbei bietet sich z. B. die Betonung der besonderen Qualitäten „natürlicher" Energie an.
„The Power of Nature: Auch Tiere werden stark durch Naturzucker" (Gorilla → Banane)

Mit der Entwicklung von Thought Startern ist der erste und wesentliche Teil der strategischen Entwicklungsarbeit abgeschlossen. Als weitere Aufgabe bleibt für die Strategischen Planer die Begleitung des kreativen Entwicklungsprozesses, bei dem es u. U. immer wieder notwendig wird, die Beteiligten an die im Rahmen des Creative Briefs gesetzten strategischen „Leitplanken" zu erinnern.

■ Abb. 2.11 enthält einen Auszug aus dem Creative Brief für die Marke *Superbrain*. Das vollständige Formular steht unter ▶ springer.com auf der Produktseite zum Buch zum Download bereit.

2.12 **Lern-Kontrolle**

Kurz und bündig

- Mit der Komplexität der Kommunikationsaufgaben (hoher Wettbewerbsdruck, Information Overload, gesellschaftliche Individualisierung) steigt auch im Bereich der Werbung der Bedarf an strategischem Handeln und systematischem Vorgehen.
- Von einer Marke kann gesprochen werden, wenn auf Seiten der Konsumenten konkrete (und idealtypisch) kollektive Vorstellungsbilder vorhanden sind.
- Eine Markenpositionierung sollte den Kriterien der Eigenständigkeit, Relevanz, Glaubwürdigkeit und Fokussierung entsprechen.
- Die Definition von Zielgruppen hilft einerseits bei der Isolierung eines ausreichend großen Business Potentials und andererseits bei der Vermittlung eines klaren Bildes der Adressaten. Erst wenn alle Beteiligten die gleiche, klare Vorstellung von der Zielgruppe haben, ist die Entwicklung von Werbung ohne Reibungsverluste möglich.

Creative Brief

Prof. Dr. Thomas Heun
Lehrbuch Werbung

Kunde und Marke: *Superbrain*
Timing: 6 Wochen

KOMMUNIKATIONSHINTERGRUND: Was genau soll beworben werden? Wie ist die Marketing- und Konkurrenzsituation der Marke? Welche Konsum-Trends existieren?

Die *BRAINSTORM AG* ist ein (neuer) Anbieter von Energy-Drinks. Die Marke *Superbrain* soll nun – nach ersten PR- und Vertriebserfolgen – erstmals flächendeckend beworben werden. Nach einer langen Wachstumsphase des Gesamtmarkts lassen sich auf dem Markt der Energy-Drinks steigende Marktanteile heute „nur noch" durch die Verdrängung etablierter Marken oder durch die Ansprache vollkommen neuer Zielgruppen gewinnen. Kernwettbewerber sind Red Bull, Monster und Relentless. Energy-Drinks bedienen unterschiedliche Bedürfnisse, wie das eher physisch-funktionale Bedürfnis nach einem „Energie-Kick", aber häufig auch (jugendlich-)soziale Bedürfnisse, wie die Abgrenzung von bestehenden/„erwachsenen" Konsumgewohnheiten (wie z. B. Cola-Trinken). In jüngerer Zeit konnten sich zunehmend natürlich wirkende Drinks auf dem Markt etablieren.

ZIELE DER WERBUNG: Was soll mit der Werbung/den Maßnahmen erreicht werden?

Folgende Ziele werden mit dem Einsatz von Werbung für die Marke *Superbrain* verfolgt:

1. Steigerung der Bekanntheit der Marke (in der Zielgruppe der 15- bis 35-Jährigen) von 5 % auf 20 % innerhalb des Kampagnenzeitraums
2. Neue Verwender an die Marke heranführen (Testkäufe)
3. Steigerung des Marktanteils um mindestens 5 % innerhalb des Kampagnenzeitraums

---

MARKENPOSITIONIERUNG (Ist): Wie ist die Marke heute positioniert?

Die Marke *Superbrain* wird heute als günstige und leicht „verrückte" Alternative zu den etablierten Energy-Drink-Marken wahrgenommen.

ZIELGRUPPE: Welche Gruppe von Konsument/innen soll angesprochen werden? Welche Themen interessieren sie besonders? Über welche Medien können wir sie erreichen, begleiten und involvieren?

Die Zielgruppe (ca. 12 Mio.) besteht zu jeweils 50 % aus Männern und Frauen im Alter von 18 bis 39 Jahren. Sie befinden sich noch in der Ausbildung oder am Anfang ihres beruflichen Werdegangs. Sie leben ihr Leben aktiv und weitestgehend selbstbestimmt in Städten oder urbanen Zentren im deutschsprachigen Raum. Karriere ist nicht alles für sie. Sie wollen einen guten Lebensstandard (in der Mittelschicht) erreichen und ausreichend Zeit für Familie, Freunde und Reisen haben. Natürliche Ernährung ist für sie nicht zentral, sie versuchen jedoch zunehmend, ungesunde Konsumprodukte (Zigaretten, zu viel Fleisch, Zucker) oder „Dickmacher" zu vermeiden.
Sie interessieren sich für folgende Themen:
- Karriere
- Familie
- (Trend-)Sportarten
- Reisen
- Ausgehen
- Digitales

Sie nutzen insbesondere digitale Medien:
- Soziale Netzwerke (Facebook, Instagram etc.)
- Streaming-Dienste (Netflix, Amazon Video, Spotify etc.)

◨ **Abb. 2.11** Auszug aus dem Creative Brief für die Marke *Superbrain*

— Die Auseinandersetzung mit Customer Touchpoints hat an Bedeutung gewonnen, da digitale Medien häufig die unmittelbare Verknüpfung von Werbekontakt und Online-Kaufakt ermöglichen.

— Anhand des Consumer Insights werden Konsumbedürfnisse oder -barrieren der Zielgruppe isoliert, auf die wiederum die Werbestrategie in Form eines Nutzenversprechens „antwortet".

❷ Let's check

1. Lesen Sie den untenstehenden Text. Dieser Text ist Teil eines längeren Interviewprotokolls, das im Zuge einer (unveröffentlichten) Studie zu Konsumgewohnheiten von Studierenden entstand. Ziel der Befragungen war es, etwas über das Mediennutzungsverhalten von Studierenden herauszufinden. Ihre Aufgabe ist es, zentrale Insights zu der Mediennutzung des Studierenden zu formulieren. Welche Bedeutung haben Medien in seinem Leben? Was müssen Medien(marken) wissen und verstehen, um seine Aufmerksamkeit für ihre Angebote zu wecken?

   Interview mit Marc B., 24 Jahre, 3. Semester BWL:

   „Fernsehen? Also über den TV-Apparat? Schau' ich nur noch gelegentlich. Ab und zu mal Nachrichten oder Fußballspiele. Serien und Videos schau' ich online. Tageszeitungen und Zeitschriften kaufe ich gar nicht mehr. Wieso auch?! Das, was mir da von Journalisten vorgesetzt wird, das finde ich auch online. Das ist eigentlich auch besser, weil ich da schon näher an die Inhalte rankomme, die mich wirklich interessieren. In Zeitschriften überblättert man doch eh den größten Teil der Geschichten, für die man am Kiosk bezahlt hat."

2. Jedes Werbeversprechen sollte einen klaren Nutzen/Benefit für Konsumenten enthalten. Ergänzen Sie die Benefits in den unten stehenden fünf Werbeversprechen.

   1. BMW: Freude am Fahren (Benefit: ?)
   2. Mercedes-Benz: Wir sind führend in allen Bereichen (Benefit: ?)
   3. IKEA: Modernes Wohndesign für wenig Geld (Benefit: ?)
   4. HypoVereinsbank: Leben Sie, wir kümmern uns um die Details (Benefit: ?)
   5. Dr. Oetker Pizza-Burger: Außen Pizza, innen Burger (Benefit: ?)

3. Verbinden Sie folgende Reasons Why mit einem passenden Werbeversprechen bzw. Produktbenefit:

   – Wir produzieren seit 1889 (Werbeversprechen/Produktbenefit: ?)
   – Im Holzkohlebackofen gebacken (Werbeversprechen/Produktbenefit: ?)
   – Der Motor hat 225 PS (Werbeversprechen/Produktbenefit: ?)
   – Stiftung „Öko Test" „sehr gut" (Werbeversprechen/Produktbenefit: ?)
   – Feies WLan für alle Reisenden (Werbeversprechen/Produktbenefit: ?)

4. Nennen Sie mindestens vier Erfolgsfaktoren von WOM.

❓ Vernetzende Aufgabe

Entwickeln Sie eine Kommunikations- und Werbestrategie für eine Marke Ihrer Wahl. Hilfreich ist dabei die Wahl einer Marke, die aktuell vor größeren Herausforderungen steht und für die sich entsprechend ambitionierte Marketingziele formulieren lassen. Hierbei kann es sich um die Eroberung der Marktführerschaft in einem Marktsegment handeln oder um die erfolgreiche Etablierung von neuen Submarken etc. Das vollständige Creative-Brief-Formular können Sie als Word-Datei unter ▶ www.springer.com auf der Produktseite zu diesem Buch downloaden.

ℹ Lesen und Vertiefen

- Esch, F.-R. (2014). *Strategie und Technik der Markenführung, 8. Auflage*. München: Vahlen.
- Föll, K. (2007). *Consumer Insight: Emotionspsychologische Fundierung und praktische Anleitung zur Kommunikationsentwicklung*. Wiesbaden: DUV.
- Halfmann, M. (2014). *Zielgruppen im Konsumentenmarketing: Segmentierungsansätze, Trends, Umsetzung*. Wiesbaden: Springer Gabler.
- Holt, D. B. (2004). *How Brands become Icons. The Principles of Cultural Branding*. Boston: Harvard Business Press.
- Kühn, T., & Koschel, K. (2017). *Qualitative Markt- und Konsumforschung: Einführung und Praxis-Handbuch*. Wiesbaden: Springer VS.
- Taylor, A. K. (2013). *Strategic Thinking for Advertising Creatives: 11 Essential Steps to Creativity*. London: Laurence King.

Konzeption der Werbung und Werbekonzepte

Prof. Dr. Thomas Heun

© Springer Fachmedien Wiesbaden GmbH 2017
T. Heun, *Werbung,* Studienwissen kompakt, DOI 10.1007/978-3-658-07127-1_3

Lern-Agenda
Die Leser

- ➡ haben verstanden, welche Rahmenbedingungen bei der Werbekonzeption förderlich sind und welche nicht.
- ➡ kennen eine Vielzahl an unterschiedlichen Werbekonzepten.
- ➡ sind in der Lage, die Eignung ausgewählter Konzepte zu bewerten
- ➡ können, unter Verwendung von Fragetechniken, eigene Ideen für Werbekonzepte entwickeln.

In ▶ Kap. 2 dieses Buchs wurde die strategisch-inhaltliche Ausrichtung von Werbung thematisiert. Das ▶ Kap. 3 folgt dem anwendungsorientierten Anspruch des Buchs dahingehend, dass es Wissen, Methoden und Mechaniken für die Konzeption von Werbung bietet. Damit wird es möglich, Werbemaßnahmen von der ursprünglichen Aufgabenstellung bis zu konkreten Werbeideen zu entwickeln.

Der fundamentale Einfluss der Digitalisierung auf den Bereich der Markenkommunikation und Werbung wurde in diesem Buch bereits an unterschiedlichen Stellen thematisiert. In Zeiten digitaler Medien wurde der Begriff „Werbung" zunehmend für Formen „klassischer" Werbung und die im 20. Jahrhundert dominanten Werbeformen der Print-, Plakat-, Radio- und TV-Werbung verwendet. In Anbetracht der zunehmenden Möglichkeiten der medialen Verbreitung werblicher Inhalte wirkt die traditionelle Trennung in „klassische" und „nicht-klassische" Formen von Werbung jedoch zunehmend antiquiert. Die Fülle an medialen Kanälen, mit der eine Inflation an Werbeformaten und Möglichkeiten der Markenplatzierung einhergeht, verlangt vielmehr nach einer Systematik, die den zunehmend dynamischen und wenig linearen Prozessen der Entwicklung und Verbreitung von Markenkommunikation und Werbung in Zeiten digitaler Medien Rechnung trägt.

Eine in Werbewissenschaft und -praxis stark rezipierte alternative Form der Definition von Markenkommunikation und Werbung geht auf Burcher (2012) zurück. Durch die Unterteilung in „Paid – Owned – Earned" ist es ihm gelungen, mit einer eher betriebswirtschaftlichen Perspektive den Bereich der Markenkommunikation an die Rahmenbedingungen in Zeiten der Digitalisierung anzupassen. Zentral sind insbesondere zwei fundamentale Perspektivwechsel:

1. Burcher (2012) würdigt die zunehmenden Möglichkeiten der Gestaltung und Verbreitung von Werbung, für die Unternehmen u. U. klassische Dienstleister wie Werbeagenturen kaum noch benötigen. Über die eigenen Markenplattformen wie die Unternehmenswebsite haben Marketingverantwortliche heute eine Fülle an Möglichkeiten, Markenkommunikation unter Aussparung klassisch-werblicher Kreativprozesse zu verbreiten. Im Bereich des **Programmatic Advertisings** geht die Entwicklung so weit, dass es zu der automatisierten und an die Interessen bzw. das Surfverhalten angepassten Verbreitung von Inhalten, wie z. B. Bannern, kommt. Derartige Mög-

lichkeiten der Adressierung von Nutzern werden ersteigert, und es kommt häufig zu einem unmittelbaren „Ausspielen" von an das Surfverhalten angepassten Produktangeboten.[1] Die Marke *Topshop* nutzte Programmatic Advertising im Jahr 2015 bspw., um ihre Zielgruppe über *Facebook* mit einer Vielzahl an unterschiedlichen Einspielern in Form von ungewöhnlichen Städtenamen zu konfrontieren, von denen aus *Topshop* über das Internet ansteuerbar ist. Die *Facebook*-Ads wurden primär an die Bewohner der Regionen/Länder ausgespielt, in denen diese ungewöhnlichen Destinationen liegen (bspw. wurde in Russland „Krasnodar" ausgespielt).

2. Burcher (2012) trägt der gestiegenen Freiheit von Mediennutzern Rechnung, werbliche Inhalte weiterzuverbreiten und damit die Reichweite der Markenkommunikation durch virale Effekte zu erhöhen.

Das Konzept von Burcher gliedert Markenkommunikation in drei Bereiche:
1. **Paid:** Werbeplätze (engl. „ad space"), wie z. B. eine Platzierung in einem TV-Werbeblock, für die das Unternehmen bezahlt hat
2. **Owned:** Nutzung eigener Medienangebote, wie bspw. der Unternehmenswebsite, für Zwecke der Markenkommunikation
3. **Earned:** Werbliche Kontakte, die sich das Unternehmen, z. B. über die Verbreitung von Markenkommunikation über soziale Medien wie *Facebook*, „verdient" hat

Im folgenden ▶ Abschn. 3.1 wird die bisher häufig in der Literatur genutzte Konzentration auf die Darstellung von Werbemediengattungen (z. B. TV-Werbung) zu Gunsten einer konzeptionellen und formatorientierten Perspektive vernachlässigt. In Anbetracht der Fülle an medialen Verbreitungsmöglichkeiten von Werbung und markiertem „Content" in Zeiten digitaler Medien ist es wenig sinnvoll, den Besonderheiten einzelner Mediengattungen (wie Print, TV oder „Internet") in allen werberelevanten Facetten Rechnung zu tragen. Darüber hinaus erscheint es unzeitgemäß, die vielfältigen digitalen Werbemöglichkeiten unter dem Label „digitale Werbung" oder „Internetwerbung" zu behandeln. Stattdessen werden im Folgenden nach dem einleitenden ▶ Abschn. 3.1 zu Konzeption und Kreativität in der Werbung in ▶ Abschn. 3.2 zentrale konzeptionelle Lösungsansätze (z. B. Werbung mit Humor) und Werbeformate (z. B. Bewegtbild) behandelt.

Die aus der Pluralisierung der medialen Verbreitungsformen resultierenden Herausforderungen der Kontrolle der Werbewirkung und des Werbeerfolgs (Kommunikationscontrolling) werden in dem abschließenden ▶ Kap. 4 fokussiert thematisiert und diskutiert.

---

1   Auch wenn diese Form des Retargetings, also des Versuchs, den Nutzern Produkte, die aufgrund ihres Surfverhaltens in der Vergangenheit als „nach wie vor relevant" eingestuft werden, durch Bannereinblendungen bei der Nutzung digitaler Medien ins Gedächtnis zurückzurufen, oft als unkreativ und aufdringlich wahrgenommen wird, handelt es sich hierbei um einen Bereich, dessen Bedeutung kontinuierlich steigt.

3.1 Konzeption der Werbung

Im zweiten Schritt des Managementprozesses der Werbung gilt es, die Werbestrategie in Werbekonzepte und -ideen zu überführen.

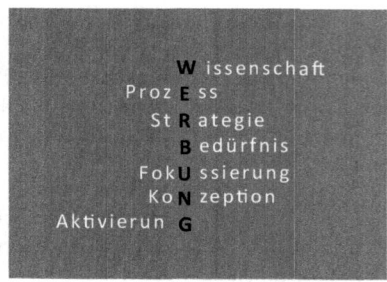

> **Auf den Punkt gebracht: Im Rahmen der Konzeption von Werbung sollten die zuvor entwickelten strategischen Überlegungen als „Leitplanken" des Kreativprozesses verstanden werden.**

Jeder Kreativprozess sollte mit einem strategischen Briefing der Kreativteams beginnen. Hierzu wird ein von den Werbestrategen erarbeitetes **Creative Brief** benötigt, welches als Informationsbasis bzgl. der Hintergründe der Werbeentwicklung und der strategischen Ausrichtung der Maßnahmen enthält (s. ▶ Kap. 2). Die strategische Planung von Werbung ist eine notwendige, aber keine hinreichende Bedingung für den **Werbeerfolg.** Während die Strategie im „Hintergrund" die inhaltliche Richtung für Werbemaßnahmen vorgibt, beeinflusst die Gestaltung der Werbemaßnahme („Kreation") an der „Oberfläche" die Intensität der Auseinandersetzung der Zielgruppe mit dem jeweiligen Werbemittel.

Als generelle Erfolgsfaktoren für die Wirkung von Werbekonzepten gelten insbesondere folgende Faktoren:

- Kreativität
- Aufmerksamkeitsstärke
- Schnelle Verständlichkeit
- Nachvollziehbare Dramaturgie
- Passung in das Umfeld
- Relevanz für die Zielgruppe
- Glaubwürdigkeit
- Angemessene Tonalität
- Möglichkeit zur Interaktion
- Klarheit des Call to Action

> ❯ **Auf den Punkt gebracht: Während die Werbestrategie eine Antwort bzgl. des Was bietet, steht bei der Werbekonzeption die Frage danach, wie etwas durch Werbung gesagt/transportiert werden soll, im Vordergrund.**

Die Möglichkeiten der Gestaltung von Werbung sind vielfältig; der Erfolg der Werbemaßnahmen ist oft abhängig von der Qualität der Ideen und der Komposition der Bestandteile einer Werbemaßnahme. Auch wenn die Fähigkeit zu kreativem Handeln subjektiv variiert, lässt sich Kreativität bis zu einem gewissen Maße auch planen.

3.1.1 Kreativität planen

Einen großen Einfluss auf die Qualität von Kreativprozessen üben oft grundlegende Entscheidungen wie die Zusammensetzung von Kreativteams aus. Um ein Höchstmaß an unterschiedlichen und ungewöhnlichen Ideen zu ermöglichen, sollten Teams nicht nur aus „Kreativen" bzw. etablierten Textern und Konzeptionern bestehen, sondern auch junge Nachwuchskräfte einschließen. Hierbei sollte darauf geachtet werden, dass Hierarchien nicht die Arbeit als Team hemmen. In Anbetracht der Fülle an möglichen sozialen Einflüssen in größeren Gruppen empfiehlt es sich, die Teilnehmerzahl auf vier zu beschränken. Bei längeren Prozessen kann das Risiko von „Abnutzungserscheinungen" in der Zusammenarbeit durch den Austausch von Gruppenmitgliedern reduziert werden.

Zu den Grundlagen der Arbeit in Kreativteams gehören nach Pricken (2007, S. 20) folgende fünf Grundprinzipien:

1. (Zeit-)Druck der Auftraggeber sollte nicht 1:1 weitergeben werden, da das Zustandekommen von Kreativität „auf Kommando" zu einem bestimmten Zeitpunkt eher unwahrscheinlich ist. Kreativ zu sein, ist schwierig, wenn permanenter Zeitdruck herrscht. Übermäßiger Druck kann auch entstehen, wenn die Erwartungen kollektiv überhöht werden, so dass „einfache" Ideen belächelt werden.
2. In diesem Zusammenhang kann es hilfreich sein, dem Team Phasen der Entspannung zu ermöglichen.
3. Ein positiver Umgang mit „Fehlern" sollte erlaubt sein, da derartige Ungereimtheiten auch Ausdruck experimentellen Denkens sein können. Ein Klima der Fehlervermeidung und rein rational-logisches Denken führt oft nicht zu ungewöhnlichen Lösungen.
4. Insbesondere in längeren Kreativprozessen wirkt es motivierend, wenn punktuell Schnittstellen nach außen geschaffen werden, um konstruktive Rückmeldungen einzubringen.
5. Es sollte eine Arbeitsatmosphäre entstehen, in der Wissen und Informationen (zu Unternehmen, Produkten, Materialien etc.) als gute Basis für die Entwicklung von Ideen verstanden werden.

Beispiel: 1 + 1 = 2 vs. 1 + 1 = 11
Die mathematisch richtige Lösung der Aufgabe ist klar – aber auch wenig originell.

> **Fragen, die helfen, über die Auseinandersetzung mit Produkten und Marken zu Werbeideen zu kommen**
> 1. Welche Chancen und Probleme birgt das Produkt?
> 2. Welche Geschichte hat es? Wer hat es wann und wie erfunden?
> 3. Woher kommen die Materialien?
> 4. Wie reagiert das Produkt in Extremsituationen?
> 5. Was macht der Konsument mit dem Produkt, wenn er sich unbeobachtet fühlt?
> 6. Was kann man sonst noch mit dem Produkt anstellen?
> 7. Welche Prominenten stehen in Verbindung zu dem Produkt?
> 8. Woher stammen Marken- und Produktname?
> 9. Welche Bedeutung haben die Namen in anderen Sprachen?

3.1.2   Der Kreativprozess in der Werbung

Der Prozess der Konzeption und Gestaltung von Werbung sollte in aufeinander aufbauenden Schritten erfolgen (s. ◼ Abb. 3.1).

▪ 1. Phase: Zielformulierung

Auf der Basis der Werbestrategie und aufgrund der damit einhergehenden Konzentration auf ein zentrales Werbeversprechen besteht die erste Herausforderung in der fokussierten Entwicklung von Ideen. Auf den ersten Blick handelt es sich um einen Zielkonflikt, da kreative Prozesse häufig mit „kreativer Freiheit" und einem „thinking out of the box" gleichgesetzt werden. Dabei geht es hier vielmehr um die Kanalisierung von Ideen innerhalb strategischer Grenzen, die für das Erreichen der intendierten Werbeziele unerlässlich sind. Hierbei gilt es nach Pricken (2007), folgenden Anforderungen zu genügen:

- **Zielformulierungen** sollten erstens als Frage formulieren werden, da durch das Stellen einer Frage quasi „automatisch" die Suche nach Antworten (und damit der kreative Prozess) beginnt.
- Diese Fragen sollten zweitens in einfacher und kurzer Form formuliert werden, um ein schnelles Verständnis des wesentlichen Auftrags zu ermöglichen.
- Darüber hinaus sollte drittens der **Benefit** für die Zielgruppe klar ersichtlich sein.
- Viertens sollte diese Frage auch vom Projektgeber/Kunden geteilt werden, wodurch unnötige „Schleifen" der Ideenentwicklung vermieden werden können.

BRIEFING/ZIEL-FORMULIERUNG Konzentration auf eine Werbebotschaft	IDEEN-FINDUNG Je mehr Ideen, desto besser	IDEENENT-WICKLUNG Weiterent-wicklung der guten Ideen	UMSETZUNG Realisierung der besten Ideen

◘ **Abb. 3.1** Prozess der Werbegestaltung. (Quelle: in Anlehnung an Pricken 2007, S. 15)

Beispiel: Zielformulierung Toyota Prius
Wie können wir vermitteln, dass der neue Toyota Prius der umweltfreundlichste Wagen seiner Klasse ist?

▪ **2. Phase: Ideenfindung oder Entwicklung einer Vielzahl an Ideen**
Im ersten Schritt der eigentlichen Arbeit an konkreten Ideen geht es um ein schnelles und freies Denken in unterschiedliche Richtungen. Hier steht insbesondere die Entwicklung einer Masse an Ideen im Vordergrund. Die Anzahl an Ideen kann als ein Gradmesser für ein gelungenes strategisches Briefing der Kreativteams und als Ausdruck der hohen Motivation des Kreativteams bei der Bearbeitung des Themas verstanden werden. Pricken (2007, S. 20 f.) weist zudem darauf hin, dass mit einer hohen Wahrscheinlichkeit ähnliche Themen schon oft bearbeitet wurden. Er hält die Wahrscheinlichkeit für das Aufkommen von „wirklich neuen und guten Ideen" innerhalb der ersten 20 Ideen für sehr gering (Pricken 2007, S. 26). Darüber hinaus ist eine größere Anzahl an Ideen wichtig, da sich die Qualität der Ideen selten auf den ersten Blick bzw. in ihrer ursprünglichen Form offenbart. An großen Ideen muss wie an „Rohlingen" gearbeitet werden, von denen manche auf den ersten Blick mehr versprechen, als sie auf den zweiten Blick zu halten im Stande sind (weswegen sie verworfen werden). Zudem erweisen sich seiner Erfahrung nach viele „Schnellschüsse" im Zeitverlauf als eher „kleine" oder klischeehafte Ideen, deren positive Wirkung oft nur von kurzer Dauer ist.

Häufig stellt es eine Herausforderung dar, kreative Prozesse in Gang zu setzen und die gewünschte Quantität und Qualität zu generieren. Der gewünschte „Flow" an Ideen stellt sich oft erst nach einer gewissen Zeit des „Eindenkens" ein.

Hierbei können darüber hinaus Kreativitätstechniken helfen, Ideenblockaden zu lösen.

Folgende Kreativitätstechniken bieten sich an:

1. **Brainstorming:** die Kreativität vieler nutzen; ein Team versucht, in einer gemeinsamen Runde zusammen auf Ideen zu kommen.
2. **Brainwriting:** Einzeln erarbeiten (bis zu sechs) Gruppenmitglieder jeder für sich drei Ideen. Diese werden auf einem Zettel notiert und im Uhrzeigersinn an den Nachbarn weitergegeben. Dieser kommentiert bzw. überarbeitet die Ideen des Nachbarn, bis die Ideen wieder beim Urheber angekommen sind (auch „6-5-3-Methode").

3. **Alienation:** Nach dem Prinzip der künstlichen Verfremdung Überlegungen anstellen, wie in anderen Bereichen oder Warengruppen mit ähnlichen Herausforderungen umgegangen wird („Wo ist Frische auch noch wichtig? Wie wird dort damit umgegangen?").

4. **Negativation:** Hierbei gibt es unterschiedliche Möglichkeiten, sich vom Scheitern und Misserfolg inspirieren zu lassen:
   - Sensibilisierung für eigene Qualitäten:
     „Was müssen wir tun, um in Zukunft gar keine Produkte mehr zu verkaufen?"
   - Positives Denken über negative Produkteigenschaften:
     „Was ist gut daran, dass der Fernseher so schwer ist?"

5. **Perspektivwechsel** als Quelle von Ideen
   - Variation des Blicks von unterschiedlichen Personen (ein Kind, ein Verbrecher, ein Spießer …):
     Wo ergibt das Produkt einen neuen Sinn? Wozu könnte man es noch verwenden?
   - Den Dingen neue Nutzen verleihen:
     Was sagt uns das für die eigentl. Herausforderung?

6. **Humor** als Basis für Ideen
   - Humor entspannt und setzt Glückshormone frei
   - Humor verblüfft und eröffnet neue Aspekte
   - Wer über sich selbst lachen kann, hat keine Angst vor „verrückten" Ideen
   - Humor macht frei (vor der Angst, Fehler zu machen)

Auch wenn es in Anbetracht der Fülle an unterschiedlich „guten" Ideen oft schwerfällt, alle Ideen gleichermaßen ernst zu nehmen, sollten die Phasen der Ideenfindung und der Ideenbewertung klar voneinander getrennt werden. Zu frühe Bewertungen von Ideen können einen negativen Einfluss auf die Stimmung im Team haben, da es sich hier um persönliche Leistungen handelt, die durch Bewertungen eine (oft spontan subjektive) Beurteilung erfahren.[2]

■ 3. Phase: Weiterentwicklung der guten Ideen

Zu Beginn der 3. Phase gilt es, die Anzahl an Ideen über einen ersten Bewertungsprozess zu reduzieren. Jede Idee sollte eine Chance auf Weiterentwicklung und Realisierung bekommen. Hierzu werden die Ideen u. a. mit folgenden Fragen konfrontiert:
- Was ist aktuell noch nicht gut an dieser Idee?
- Wie muss diese Idee verändert werden, damit sie besser, gut, „groß" wird?

---

2   Pricken empfiehlt zudem, sich als „Kreativer" gegen „Killerphrasen" (wie z. B. „die Idee hat schon vor zehn Jahren nicht funktioniert") zu wappnen, mit denen Dritte womöglich versuchen, Ideen von anderen abzuqualifizieren.

Darüber hinaus empfiehlt Pricken (2007, S. 29) das „Ideenpuzzling". Hierbei wird der Versuch unternommen, Einzelideen durch die Kombination mit anderen Ideen auf ein höheres Qualitätslevel zu heben.

Da mit der Bewertung von Ideen immer auch Bewertungen von Arbeitsleistungen einhergehen, sollte die Entscheidung für oder gegen einzelne Ideen immer durch Externe oder zumindest anhand von Fragenkatalogen geschehen. Folgende Fragen helfen, die Qualität von Ideenansätzen zu bewerten (vgl. auch Pricken 2007, S. 30):

1. Funktioniert die Idee nur beim ersten Mal oder immer wieder?
2. Ist das gesamte Team von der Idee überzeugt?
3. Reagieren auch Nicht-Teammitglieder positiv auf die Idee?
4. Wird die Idee schnell verstanden?
5. Funktioniert die Idee auch unter realen Bedingungen?
6. Passt die Idee zu der Marke und dem Markenversprechen?
7. Ist die Idee wirklich neu, oder hat es sie so oder in anderen Formen schon einmal gegeben?

Die Verbreitung von Werbung lässt sich grundlegend in Form von einzelnen Werbemaßnahmen oder **Kampagnen** realisieren. Das isolierte Werbemotiv steht im Gegensatz zur Kampagne in keiner inhaltlichen Beziehung zu anderen Werbemaßnahmen der Marke und dient in der Regel rein taktischen Zwecken, wie z. B. der internen Bewerbung von speziellen Firmenevents.[3]

Merke!

Kampagnen bestehen aus mehreren, unterschiedlichen Werbemitteln, die alle einer übergeordneten strategischen Kommunikationsaufgabe (wie z. B. der Einführung eines neuen Produkts) dienen und deren Aufgaben und Einsatz inhaltlich und zeitlich aufeinander abgestimmt sind.

3.2 Werbekonzepte

Werbekonzepte stellen systematische und inhaltliche Lösungsansätze dar, bestimmte werbliche Ziele zu erreichen. Hierbei handelt es sich häufig um Mechaniken zur systematischen, kreativen Lösung von Kommunikationsherausforderungen. So ist aus unterschiedlichen Untersuchungen z. B. bekannt, dass Menschen im Falle von witziger Werbung eher bereit sind, sich mit den Werbemotiven auseinanderzusetzen, und dass

---
3 Besonders kreative Werbemotive ohne Kampagnenbezug werden auch als „Einzelmeister" bezeichnet.

Werbung mit Humor entsprechend besser wirkt (vgl. Geuens und Pelsmaker 2002, S. 13 f.).

In Zeiten digitaler Medien verschwimmen die Grenzen zwischen **Werbekanälen** und Werbekonzepten zusehends. Das Medium wird im Bereich der Werbung zunehmend selbst zu einer „Message", die nicht nur eine bestimmte Art der Ansprache, sondern auch inhaltliche Teillösungen bietet.[4]

Bei der Entwicklung von Werbekonzepten empfiehlt Pricken (2007, S. 18) die Nutzung von Kreativitätstechniken und anderen Methoden, wie z. B. die Formulierung von Fragen. Fragen können helfen, den Weg zu bestimmten Arten von Konzepten (z. B. Werbung mit Testimonials) zu bereiten.

Im den folgenden Abschnitten werden 21 Konzepte in alphabetischer Reihenfolge dargestellt und illustriert. Auch bei dieser fokussierten Darstellung steht der Anwendungsbezug im Vordergrund. Um die Relevanz der jeweiligen Konzepte für Anwendungsfälle prüfen zu können, werden die einzelnen Konzeptdarstellungen durch eine Liste der Zielsetzungen eingeleitet. Darüber hinaus werden abschließende Gestaltungsprämissen, ebenfalls in Form von Listen, herausgestellt.

3.2.1 Abverkaufswerbung

Eine der ältesten Formen der Werbung stellt die Abverkaufswerbung dar. Hierbei handelt es sich um den Versuch, Werbung zu nutzen, um einen kurzfristigen Verkaufseffekt zu erzielen.

Mit der Entwicklung von Abverkaufswerbung werden in der Regel folgende **Ziele** verbunden:

1. Aufmerksamkeit für Produkte oder Dienstleistungen (und weniger für Marken) erzielen
2. Konsumenten über Produkte und ihre (Sonder-)Preise informieren
3. Unmittelbare Kaufimpulse auslösen

◘ Abb. 3.2 zeigte eine typische „Schweinebauch"-Werbung eines Discounters. Diese wird genutzt, um die besonderen Angebote der Woche in Richtung der ZG zu transportieren.

Inhaltlich beschränkt sich diese Form der Werbung auf die Produkt- und Preisdarstellung sowie gestalterische Elemente, die für Aufmerksamkeit sorgen sollen. Hierzu zählen bspw. aufmerksamkeitsstarke „Signalfarben" wie Rot und Gelb, die Variation der Typogröße und die Nutzung von visuellen „Alarmsymbolen" wie dem Megaphon.

---

4   So lässt sich bspw. im Rahmen einer Smartphone-App ein Umfeld schaffen, welches es erlaubt, Content-Kommunikation zu Imagezwecken mit der Unterbreitung von Kaufangeboten (z. B. neue Produkte) zu verbinden.

❑ Abb. 3.2 Typische
Abverkaufswerbung
eines Discounters in einem
beleuchteten Schaukasten.
(Foto des Schaukastens:
Thomas Heun)

Folgende **konzeptionell-gestalterischen Prinzipien** gilt es bei der Entwicklung von Abverkaufswerbung zu beachten:

1. Der gestalterische Fokus liegt auf der Darstellung von vielen Produkten und ihren Preisen.
2. Die Preise sollten mit gestalterischen Mitteln hervorgehoben werden.
3. Auch bei dieser Form der Markenkommunikation hat die Verwendung von markenspezifischen Signalfarben Vorrang vor dem Gebrauch von generischen Farben.

3.2.2 Ankündigungswerbung

Ankündigungswerbung (engl. = Announcement) hat häufig eine eher kurzfristig-taktische Funktion. Im Rahmen von Ankündigungswerbung soll hiermit häufig über Veranstaltungen oder Änderungen in Unternehmen („Ein Teil der *Ruhrkohle AG* heißt jetzt *Evonik*") informiert werden.

Mit der Entwicklung von Ankündigungswerbung werden in der Regel folgende **Ziele** verbunden:

1. Zielgruppen kurzfristig über bestimmte Sachverhalte informieren.
2. Aufmerksamkeit für bestimmte Botschaften erzielen.
3. Sicherstellen, dass die Botschaften ankommen und verstanden werden.

Eine besondere Form der Ankündigungswerbung stellen sog. **Teaser-Kampagnen** dar. Diese Kampagnen sind oft in mindestens zwei Phasen unterteilt. In Phase eins werden oft „anonyme" und besonders ungewöhnliche Werbemittel geschaltet. Diese haben die Funktion, Aufmerksamkeit für die „Hauptmotive" in Phase zwei zu generieren.

In dieser Phase werden oft neue Namen und/oder Angebote transportiert, die eine Zeitenwende für die Marke markieren.

Folgende **konzeptionell-gestalterischen Prinzipien** sollten bei der Entwicklung von **Ankündigungswerbung beachtet** werden:

1. Eine Gestaltung wählen, die Aufmerksamkeit erzielt, ohne dabei die Ernsthaftigkeit der Werbebotschaft in Frage zu stellen.
2. Die Information gegenüber anderen Elementen (wie Bildern) in den Vordergrund stellen.
3. In Abhängigkeit der Lautstärke den formalen Rahmen der regulären Markenkommunikation verlassen, um die Besonderheit des Ereignisses zu akzentuieren.

3.2.3 Apps

Sogenannte Apps (Applikationen) bieten die Möglichkeit, Marken auf der Benutzeroberfläche von Smartphones oder Tablets dauerhaft zu platzieren. Hinter den Icons verbergen sich die Programme mit oft sehr unterschiedlichen Funktionalitäten.

Mit der Entwicklung von Markenapps werden in der Regel folgende **Ziele** verbunden:

1. Erhöhung der Sichtbarkeit der Marke
2. Aufbau und Pflege von Marken-Konsumenten-Beziehungen
3. Etablierung eines mehr oder weniger direkten Kommunikations- und Vertriebskanals

Beispiel: *Nike+ Run Club*
Die Marke *Nike* bietet unterschiedliche Apps, um mit Konsumenten in Kontakt zu treten. Diese Apps richten sich in der Regel an unterschiedliche Zielgruppen in Abhängigkeit spezifischer sportlicher Interessen, wie z. B. dem Laufen (s. ◘ Abb. 3.3). Die Applikation *NRC* bietet bspw. Läufern die Möglichkeit, ihre sportlichen Leistungen zu dokumentieren, sich mit anderen Läufern zu vernetzen und Inhalte und Coachings rund um das Thema Laufen zu teilen bzw. zu konsumieren. Neben funktionalen Nutzen, wie der „persönlichen" Coaching- und der sozialen Vernetzungsfunktion, kennzeichnet die App eine markentypische Ansprache der Zielgruppe. Im Falle von *Nike* handelt es sich um einen permanenten Appell an die eigene Leistungsbereitschaft („Just do it!"). *Nike* unterstützt die Nutzer der App auf diesem Weg dabei, „das Beste" aus sich herauszuholen und nach persönlichen Höchstleistungen zu streben (s. ◘ Abb. 3.4).

Teil eines solchen Ansatzes ist das Angebot weiterer funktionaler Nutzen, wie z. B. die Strukturierung von Chatforen (s. ◘ Abb. 3.5) oder das Angebot von redaktionellem Content in Form von „Expertentipps" (s. ◘ Abb. 3.6).

Folgende **konzeptionell-gestalterischen Prinzipien** gilt es bei der Entwicklung von Markenapps zu beachten:

1. Die (funktionalen) Nutzen für die User in den Vordergrund stellen, und damit die Chance auf Download der App erhöhen

◘ Abb. 3.3 Logo der App Nike+ Run Club. (Quelle: Nike; Foto: Thomas Heun)

2. Als Teil der Markenkommunikation begreifen und entsprechend dem Markenversprechen gestalten
3. Als Kommunikations- und ggf. Vertriebskanal verstehen und entsprechende Funktionalitäten integrieren

3.2.4 Bannerwerbung

Banner stellen eine der klassischen Werbeformen in den digitalen Medien dar, und sie bildeten lange Zeit den werblich-kommerziellen „Rahmen" von digitalem Content im Internet. Auch wenn Studien zur Wirkung von Werbung im Internet immer wieder zu dem Ergebnis einer Art „Bannerblindheit" kamen,[5] erfreut sich diese Form der Werbung nach wie vor großer Beliebtheit.

Mit Bannerwerbung werden in der Regel folgende **Ziele** verbunden:

- Spezielle Zielgruppen in einer Verfassung des gerichteten/konzentrierten Medienkonsums erreichen
- Erreichen eines Werbekontakts im Rahmen der **Customer Journey** bis zum Kaufakt
- Erhöhung der Chance, dass Zielgruppen sich nach dem Werbekontakt direkt (per Klick) mit dem Angebot auseinandersetzen und/oder es kaufen

---

5 Unter Bannerblindheit beschreibt Benway (1999) die Tendenz von Internetnutzern, die an den Seitenrändern von Websites auftauchenden Banner zu ignorieren bzw. „auszublenden".

●●○○○ Telekom.de 📶   07:47   ✈ ⁎ 🔋 ⚡

‹ POSTEINGANG

ALLES FÜR DEINEN LAUF

Willkommen im Club – die Nike+ Run Club App. Hier findest du alles, was du brauchst, um noch besser zu laufen. Einen persönlichen Coach. Freunde, mit denen du laufen kannst. Alles, um dich mit ihnen zu messen und Ergebnisse zu teilen. Und du wirst Teil einer globalen Lauf-Community.

Starte noch heute mit deinem ersten Lauf. Entdecke jetzt die Vorteile der App, mit denen du das Beste aus dir herausholst:

Der Vorteil von Bannern gegenüber statischen, analogen Werbeformen wie der Printanzeige liegt auf der Hand. Sie ermöglichen nicht nur den direkten Transfer des Users auf die Website des werbetreibenden Unternehmens, sondern sie lassen sich auch laufend bearbeiten und anpassen, entsprechend dem Surfverhalten der Nutzer platzieren und nach unterschiedlichen Modellen, wie z. B. nach Häufigkeit des Anklickens („Pay per Click"), abrechnen.

◘ Abb. 3.5 „Club" mit der Möglichkeit der Vernetzung mit anderen Usern. (Quelle: Nike; Foto: Thomas Heun)

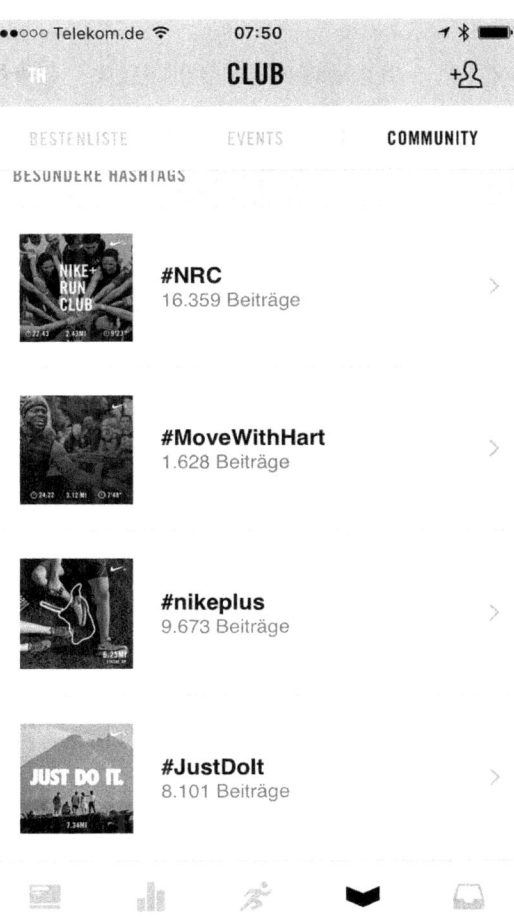

Beispiel: Werbebanner der Firma *Trox*

Die Firma *Trox* nutzt Banner, um Produkte aus dem Bereich der Klimatechnik in Richtung eines Fachpublikums zu transportieren. ◘ Abb. 3.7 verdeutlicht die besondere Eignung des Formats der Bannerart des „Skyscrapers" bei der Darstellung der stockwerksübergreifenden Wirkung des technischen Produkts.

Abb. 3.6 Redaktioneller Content der NRC+-App. (Quelle: Nike; Foto: Thomas Heun)

Folgende **konzeptionell-gestalterischen Prinzipien** sollten bei der Entwicklung von Bannern beachtet werden:

- Verwendung von aufmerksamkeitsstarken Formaten und Farben
- Klare und plakative Gestaltung zur schnellen Identifikation der Kernbotschaft
- Kommunikation eines klaren Nutzens für die User in der entsprechenden Nutzungssituation im Web

▣ Abb. 3.7 Werbebanner in Form eines „Skyscrapers" der Firma Trox. (Quelle: Trox)

3.2.5 Bewegtbild

Trotz des Reichweitenverlusts klassischer TV-Programme hat Werbung in Form von bewegten Bildern bzw. kleinen Clips und Filmen nach wie vor für viele Marken einen hohen Stellenwert.

Mit **Bewegtbildwerbung** werden in der Regel folgende **Ziele** verbunden:

1. Erzielung eines höheren Involvements der Zuschauer durch das Erzählen einer Geschichte **(Storytelling)**
2. Ansprache mehrerer menschlicher Sinne durch Bild und Ton
3. Transport von differenzierten Markenbotschaften

Als „Königsdisziplin" der Bewegtbildwerbung gelten auch in Zeiten digitaler Medien noch die klassischen TV- und Kino-Spots, da mit diesen oft hohe Produktions- und Mediabudgets sowie Reichweiten einhergehen. Von zentraler Bedeutung für die Möglichkeiten der Bewegtbildwerbung ist die Spotlänge, die wiederum vom Produktions- und Mediabudget abhängt. Mit der Länge der Spots steigen einerseits die Kosten, andererseits nehmen auch die konzeptionellen Möglichkeiten zu. Eine Möglichkeit, Markenimages auch mit kürzeren Spots zu prägen, bietet das **Key Visual.**

Hierbei handelt es sich um das für die Geschichte des TV-Spots zentrale Bildmotiv. In Anbetracht der beschränkten Erinnerungsleistung konzentriert sich im Key Visual der Versuch von Marken, mittels Werbung ein konkretes **Markenimage** zu prägen. In diesem Zusammenhang konnte nachgewiesen werden, dass ikonische und zentrale Bilder, wie z. B. das zentrale Bildmotiv des grünen Segelschiffs der Marke *Beck's*, leichter Eingang in die Erinnerung der Werberezipienten finden (vgl. Kroeber-Riel 1993, S. 202).

> ❯❯ **Auf den Punkt gebracht: Key Visuals** haben eine klarere Imagewirkung als Gestaltungsprinzipien ohne zentrales Bildmotiv.

Beispiel: Key Visuals der Marke *Kerrygold*

Im Falle der Marke *Kerrygold* handelt es sich um ein Paar irischer Milchbauern, die als zentrale „Botschafter" der Marke im Spot fungieren (s. ◘ Abb. 3.8). Zentrale Funktion dieses Key Visuals ist die Kopplung der Erinnerung der Werberezipienten an natürliche Milchproduktion nach Art der irischen Milchbauern.

Folgende konzeptionell-gestalterischen Prinzipien gilt es bei Bewegtbildwerbung zu beachten:

1. Das Erzählen von Geschichten hilft, Aufmerksamkeit zu generieren
2. Ein **Key Visual** wird besser erinnert und sollte genutzt werden, um zentrale Botschaften der Marke zu transportieren und das Markenimage zu prägen
3. Die Möglichkeit der Ansprache mehrerer Sinne, bspw. durch die Verwendung von **Audio-Logos** oder Musik, sollte genutzt werden

◨ **Abb. 3.8** Key Visual aus dem Spot der Marke Kerrygold. (Quelle: Ornua Deutschland GmbH)

3.2.6 Branded Content

Mit der Fülle an neuen Möglichkeiten, Inhalte der Markenkommunikation zu verbreiten, hat sich die Bezeichnung von bestimmten Formen der Markenkommunikation als „Content" mehr und mehr durchgesetzt. Als Teilbereich der Marketingkommunikation definiert Löffler (2014, S. 204) **Content-Marketing** als „Möglichkeit, User mit Hilfe von hochwertigen, authentischen Inhalten in engagierte Leser, Käufer, Abonnenten, Fans, Leads und Kooperationspartner zu verwandeln". Ihrer Auffassung nach geht es auch hier weniger um Technologien oder primär redaktionelle Qualitäten, sondern es zählen „einzig und allein der Mensch" und seine Bedürfnisse (Löffler 2014, S. 206). Laut Schramm und Knoll (2013, S. 19) ist unter „Brand Content" die „Einbindung von Marken in redaktionelle Inhalte zu verstehen, wobei die Einbindung der Marken direkt im jeweiligen Inhalt, aber auch als ‚Dach' oder Rahmen erfolgen kann". Unter **Branded Content** (BC) werden hier mediale Inhalte verstanden, die durch ihre Kennzeichnung bzw. Einbindung von Markenlogos als Markenkommunikation auch von Konsumenten erkannt werden können.

Mit **Branded Content** werden in der Regel folgende **Ziele** verbunden:
1. Zugang zur Zielgruppe jenseits klassisch werblicher Formate
2. Aufbau von Sympathie und emotionaler Bindung an die Marke durch unterhaltsame und/oder informative Formate
3. Steigerung der Effizienz der Markenkommunikation durch die virale Verbreitung der Inhalte (Sharing)

Beispiel: „Insa's Space Gif-iti" von *Ballantine's*
Im Falle des Projekts der „Stay True Stories" der Marke *Ballantine's* (s. ◙ Abb. 3.9) werden bspw. Kunstaktionen, wie das „Space Gif-iti" des Street-Artists *Insa*, gesponsert. Das Ziel dieser Art des Branded Contents besteht darin, eine möglichst hohe mediale Reichweite jenseits der klassischen „Paid"-Kanäle zu erzielen. Zu diesen Aktionen wurde von der Marke *Ballantine's* Bewegtbild-Content produziert, der im Nachhinein auf den entsprechenden Videoplattformen beliebig oft abrufbar ist („Earned Media"). Nach Angaben der Agentur *M&C Saatchi Sport & Entertainment* wurden mit einem Budget von < 100.000 britischen Pfund folgende Ergebnisse erzielt:
- \> 7.500.000 Views
- \> 3500 Tweets
- \> 150 Medienberichte

Baetzgen und Tropp (2013, S. 3 ff.) gehen in Anbetracht der medialen Möglichkeiten so weit, von der „Content Revolution" und einer „neuen Ära der Markenkommunikation" zu sprechen, „in der Marken zu Medien werden". In Anlehnung an Burcher (2012) sehen sie insbesondere den Ausbau des Bereichs „Owned Media" durch Unternehmen als Chance für die Unternehmen. Nach ihren Vorstellungen hat die Verbreitung „eigener Informations- und Unterhaltungsangebote" (Baetzgen und Tropp 2013, S. 3 ff.) eine Fülle an Vorteilen, wie z. B. das höhere Maß an „Freiheit" und „Kontrolle" über Maßnahmen der Markenkommunikation oder die „Exklusivität des medialen Umfelds" (welches nicht von Wettbewerbern belegt werden kann).

Auch wenn mit BC eine Fülle an allgemeinen Markenzielen, wie z. B. die Profilierung des Markenimages, erreicht werden kann, liegt der unmittelbare Nutzen von BC eher in spezifischeren Bereichen.

Folgende weitere Ziele können mit der Verwendung von BC erreicht werden:
- Erhöhung der Kundenbindung
- Erhöhung der Konversionsrate (Interessenten zu Kunden)
- Auffindbarkeit im Web
- Verbesserung von SEO-Rankings
- Senkung der Retourenquote
- Generierung von Traffic oder die Erhöhung der Verweildauer auf der Markenwebsite
- Chance auf Backlinks

■ **Abb. 3.9** Brand Content „Stay True Stories" der Marke *Ballantine's* auf YouTube. (Quelle: Ballantine's 2015)

Erfolgsfaktoren für Branded Content

1. **Strategische Planung und dauerhaftes Engagement**
   Auch BC sollte als Teil der Kommunikationsaktivitäten einer Marke unter das „Dach" der generellen Markenstrategie passen. Über Content nur kurzfristige taktische Ziele (z. B. Generierung von Websitetraffic) zu erreichen, ist weder empfehlenswert noch realistisch. BC bietet vielmehr die Möglichkeit, User mittel- und langfristig im Sinne einer gewinnbringenden Partnerschaft an die Marke (und an Webangebote) zu binden. Wesentlicher Teil der strategischen Planung von Branded Content ist u. a. ein Themenplan, über den die Erstellung von Content über einen längeren Zeitraum geplant, strukturiert und nachhaltig gesteuert werden kann.

2. **Nützlichkeit**
   Auch bei der Entwicklung von BC ist es für Marken zentral, die Konsumentenperspektive einzunehmen. BC wird nur dann erfolgreich sein, wenn es gelingt, die Bedürfnisse von Nutzern anzusprechen. Schramm und Knoll (2013) betonen in

diesem Zusammenhang die allgemeinen Nutzungsmotive von Online-Medien in Anlehnung an Daten der „Langzeitstudie Massenkommunikation" (2010). Wie auch bei anderen Medien zählt die Suche nach „Information" und „Unterhaltung" zu den stärksten Treibern hinter dem Medienkonsum von Online-Medien der Bundesbevölkerung. Neben den generellen Bedürfnissen nach Information und Unterhaltung steht, wie auch im Falle zeitgemäßer „klassischer" Werbung, die Relevanz des Contents für die zu adressierenden Zielgruppen im Zentrum. Bedeutet: In den meisten Produktbereichen stehen weniger die Produkte an sich als die Fragen und Bedürfnisse von Nutzern am Anfang der Contentproduktion. Gerade im Bereich von Low-Involvement-Produkten bietet die Orientierung an Suchbegriffen („Wie färbe ich meine Haare richtig?") die Chance, über Content (wie z. B. How-to-Videos) eine Brücke zu den Produkten des Unternehmens (aus dem Bereich Haarkosmetik) zu schlagen. Aus diesem Grund ist es essenziell, Zielgruppen der Marketingkommunikation auch anhand der von ihnen präferierten Themen zu profilieren (s. ▶ Abschn. 2.4.1). Wenn die Bedürfnisse der ZG identifiziert sind, kann diese über eine Fülle an unterschiedlichen BC-Formaten (s. folgende Übersicht) adressiert werden. Dabei gibt es folgende Arten von Content (Löffler 2014, S. 241 ff.):

- **Textinhalte**
  - Artikel
  - Whitepapers
  - E-Books
  - Mailings & Newsletter
  - Listen
- **Audio-Content**
  - Podcasts
  - Musik
- **Video-Content**
- **Webinare**
- **Grafiken, Fotos**
- **E-Paper und Online-Magazine**
- **Engaging Content**
  - Online-Tools
  - Umfragen
  - Games
- **E-Commerce-Content**
  - Produktbeschreibungen
  - Ratgeber
  - Themenwelten

- Styleguides
- User Reviews
- **Mobile Content (Apps)**
- **User-Generated Content**

3. **Authentizität**
Damit diese Bedürfnisse erfolgreich bedient werden können, ist es nach Auffassung von Schramm und Knoll (2013, S. 21) essenziell, dass der Content „primär als redaktionell, d. h. nicht-werblich" wahrgenommen wird. Mit Blick auf die ◘ Abb. 3.10 liegt es auf der Hand, dass diese Formate, die der Befriedigung bestimmter Informations- und/oder Unterhaltungsbedürfnisse dienen, eher wenig werblich wirken sollten. Ein Ratgeber wird nur dann als Ratgeber (und als bedürfnisbefriedigend) wahrgenommen, wenn den Erwartungen der ZG an das jeweilige Content-Format (in diesem Falle z. B. Objektivität) entsprochen wird. Marken werden nach Schramm und Knoll (2013, S. 22) dann akzeptiert, „wenn deren Einsatz subtiler Natur ist". Die Wirksamkeit der Content-Formate unterscheidet sich nach einer Studie der Firma *Copypress* deutlich (s. ◘ Abb. 3.10).

4. **Narrativität**
Zentrales Erfolgskriterium für wirksamen Content ist demnach neben dem „thematischen Fit" das Erzielen eines „Flow-Erlebens" bzw. „Unterhaltungserlebens" bei dem Konsum des Contents (Schramm und Knoll 2013, S. 21). Entscheidend hierbei ist nach Herbst (2014) die Kompetenz einer Marke, auch über digitale Medien Geschichten zu erzählen. Die Geschichten von Marken sollen „authentisch, spannend und relevant" sein (Löffler 2014, S. 206). Die Nutzer werden dabei „weniger über werbliche Aussagen zum Angebot geführt, sondern über die Geschichten, die rund um das Produkt gestrickt werden" (Löffler 2014, S. 206). In diesem Zusammenhang betont Herbst (2014, S. 227) die besonderen Möglichkeiten eines „digitalen Storytellings", die er als Kombination von „Integration, Verfügbarkeit, Vernetzung und Interaktivität" definiert.[6]

5. **Wahl des richtigen Verbreitungskanals**
Von zentraler Bedeutung für den Erfolg des BC ist die Wahl des richtigen Verbreitungskanals. Erfolgreiches **Content Seeding,** die Steigerung der Reichweite

---

6 **Integration** bedeutet in diesem Zusammenhang die Nutzung von modernen Technologien (z. B. Echtzeitgrafiken) und Geräten, Objekten (z. B. Blogbeiträgen) und Kommunikationsinstrumenten über unterschiedliche Medien hinweg. **Verfügbarkeit** verdeutlicht die Chance, die Geschichten in digitalen Medien unabhängig von bestimmten Räumlichkeiten oder Zeiten abzurufen. **Vernetzung** entsteht durch medienkonvergentes Handeln und z. B. durch die Nutzung von sozialen Netzwerken. **Interaktivität** bedeutet die Möglichkeit zur Einbeziehung der Nutzer in die Geschichten mithilfe digitaler Technologien (z. B. im Rahmen von Games).

des Contents über virale Verbreitungseffekte, lässt sich dabei durch folgende Faktoren beeinflussen:

- Relevanz und Attraktivität der Inhalte für die Zielgruppe
- Minimierung von Streuverlusten bzw. Platzierung in Umfeldern, die von der ZG genutzt und geschätzt werden
- Animierung zu Weiterleitungen durch die User (z. B. über Social-Media-Buttons)

Der Erfolg der Contentplatzierung sollte darüber hinaus über die Anzahl der Nutzer und Weiterleitungen kontrolliert werden. ◘ Abb. 3.11 zeigt die wichtigsten Kanäle für die Platzierung von unternehmensbezogenem Content in US-amerikanischen Unternehmen (im Jahr 2013).

> **Auf den Punkt gebracht: Branded Content stellt eine eher defensive Form von Werbung dar.** BC wird eingesetzt, wenn werbliche bzw. verkäuferische Formen der Markenkommunikation nicht angebracht scheinen.

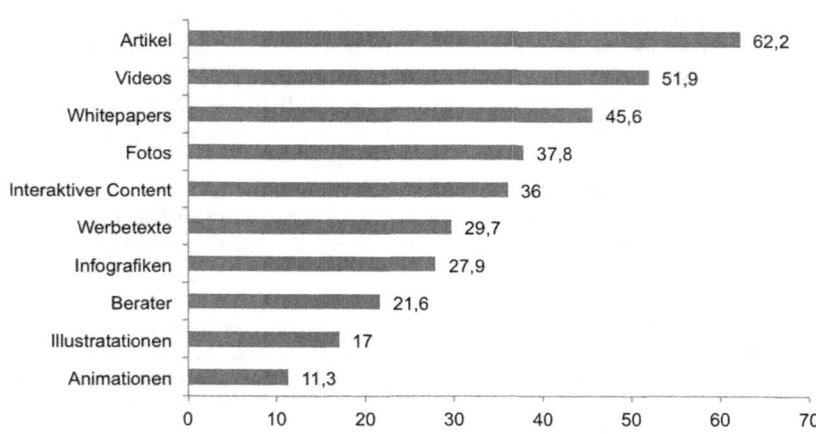

Content mit dem besten ROI

Format	Wert
Artikel	62,2
Videos	51,9
Whitepapers	45,6
Fotos	37,8
Interaktiver Content	36
Werbetexte	29,7
Infografiken	27,9
Berater	21,6
Illustratationen	17
Animationen	11,3

◘ **Abb. 3.10** Erfolgreiche Content-Formate (Basis: Return on Investment; Angaben in %). (Quelle: in Anlehnung an Copypress o.J.)

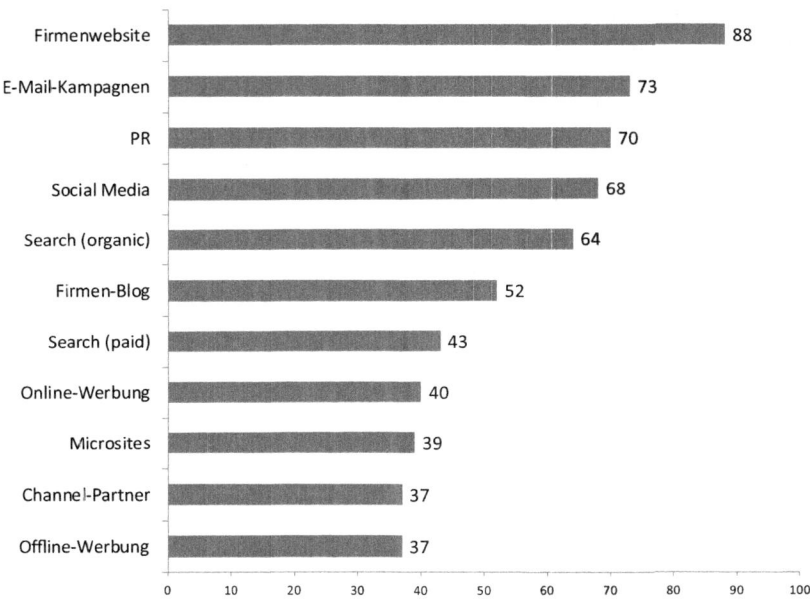

☐ Abb. 3.11 Content-Kanäle nach Wichtigkeit in US-amerikanischen Marketing-Abteilungen (2013; Angaben in Prozent). (Quelle: McKendrick 2013)

Folgende **konzeptionell-gestalterischen Prinzipien** sollten bei der Entwicklung von **Branded Content** beachtet werden:

1. Einbindung der Absendermarke unter Vermeidung eines werblichen/verkäuferischen Charakters der Inhalte
2. Konsumentenorientierung durch Fokussierung auf einen klaren Usernutzen
3. Anreizstiftung zur Weiterverbreitung der Inhalte

3.2.7 Direkt- und Dialogwerbung

Der Bereich der Direkt- und Dialogwerbung unterscheidet sich deutlich von anderen Formen der Werbung. Im Gegensatz zu Plakat- oder TV-Werbung adressiert ein Werbemittel nicht eine Fülle an Rezipienten gleichzeitig, sondern es werden Konsumenten mehr oder weniger individuell („One-to-One") mit Werbebotschaften konfrontiert.

Mit **Direkt- und Dialogwerbung** werden in der Regel folgende **Ziele** verbunden:
1. Direkte, persönliche Ansprache von Konsumenten
2. Übermittlung detaillierter Informationen
3. Unterbreitung von „unterschriftsreifen" Angeboten/Schaffen von Konsumanlässen

Eines der klassischen Beispiele aus dem Bereich der Direkt- und Dialogwerbung sind Postwurfsendungen bzw. Mailings. Hierbei handelt es sich um standardisierte Printprodukte wie z. B. Flyer, die in der Regel durch persönlich adressierte Anschreiben ein Mindestmaß an Individualisierung erfahren.

Beispiel: XING ProJobs
Die Marke *XING* nutzte Mailings, um auf das Angebot *XING ProJobs* aufmerksam zu machen. Hierbei wurde ein persönlich adressiertes Anschreiben kreiert, welches es ermöglichte, umfassende Informationen (und Benefits) in Richtung der Zielgruppe zu transportieren. Zwecks Aktivierung der Adressaten wurde das wenig reaktive Medium des Anschreibens bzw. Briefs (◼ Abb. 3.12) um die Beigabe eines farbigen Flyers (◼ Abb. 3.13) ergänzt. Die Funktion eines derartigen Flyers besteht einerseits darin, die Adressaten auch später noch an das Angebot zu erinnern, zudem fungieren diese Flyer in der Regel als Rückantwortpostkarten, über die sich z. B. zusätzliche Informationen anfordern lassen.

Während bei der Direktwerbung die Konfrontation von Konsumenten mit Botschaften im Vordergrund steht, kommt es bei der Dialogwerbung zu der Anbahnung eines Dialogs zwischen Marken bzw. Unternehmen und Konsumenten, bspw. in Form von Angeboten („50 % Rabatt"), Gewinnspielen oder Einkaufsgutscheinen.

Die Basis für erfolgreiches Direkt- und Dialogmarketing bilden Datenbestände, die die persönliche Adressierung der entsprechenden Werbemaßnahmen ermöglichen. Werbetreibende Unternehmen, die selbst keinen direkten Zugriff auf Wohn- oder E-Mail-Adressen haben, nutzen die Dienste von sog. „Adressbrokern", deren Leistungen das Sammeln, Aufbereiten und Bereitstellen von entsprechenden Datensätzen umfassen.[7]

Folgende **konzeptionell-gestalterischen Prinzipien** gilt es bei der Entwicklung von **Direkt- und Dialogwerbung** zu beachten:
1. Spontanes Interesse wecken, ohne dabei unseriös zu wirken
2. Den Nutzen des Angebots in das Zentrum der Gestaltung stellen, um die Gefahr des schnellen Wegwerfens der Werbemaßnahme zu verringern
3. Integration von einfach zu nutzenden und kostenfreien Responseelementen (Dialogwerbung)

---

7   Die *Deutsche Post Direkt* wirbt bspw. mit dem Versprechen, „intelligente Adresslösungen für erfolgreiche Werbung per Post" für ihre Mailingservices (Deutsche Post Direkt o.J.).

XING AG | Dammtorstraße 30 | 20354 Hamburg   Deutsche Post
                                              DIALOGPOST

Herr
Max Mustermann-Langername
Musterstrasse 123
12345 Musterstadt

10. Juni 2016

Jetzt durchstarten. **Mit XING ProJobs.**

Sehr geehrter Herr Mustermann,

suchen Sie eine neue berufliche Herausforderung? Dann haben Sie als einer unserer aktivsten Nutzer
nun die Chance von Ihrem **persönlichen Vorteilspaket** zu profitieren:

Sparen Sie jetzt 50 % auf XING ProJobs und gewinnen Sie mit etwas Glück ein **Apple iPad Pro** (im Wert
von 1.049,- €).

Ihre XING ProJobs **Karriere-Vorteile:**

✓ NEU **Nehmen Sie dirket Kontakt zu Recruitern mit passenden Jobs auf**
  Erhalten Sie unter "MeinProJobs" Recruiter-Empfehlungen und signalisieren Sie per Klick Interesse.

✓ **Maximieren Sie Ihre Sichtbarkeit bei mehr als 5.000 Top-Recruitern**
  Durch das erweiterte Profil werden Sie besser gefunden und präsentieren sich professionell.

✓ **Bewerben Sie sich auf Top-Jobs ab 50.000 € Jahresgehalt**
  Von Headhuntern im XING Stellenmarkt inserierte Top-Jobs sind nur ProJobs-Mitgliedern zugänglich.
  Der Headhunter unterstützt Sie im Bewerbungsprozess und bei der Gehaltsverhandlung.

✓ **Erhalten Sie einen kostenlosen Lebenslauf-Check im Wert von 49,90 €**
  Unser Partner CV COACH optimiert Ihren Lebenslauf und Ihr XING-Profil
  kostenlos für Sie. So nehmen Sie mit Ihrer Bewerbung die erste Hürde.

Sichern Sie sich jetzt **bis 30. Juni** Ihr XING ProJobs Vorteilspaket!
Einfach unter **www.xing.com/projobs** einloggen und durchstarten.

Viel Erfolg mit XING ProJobs,

Vollmoeller

Ihr Thomas Vollmoeller
Vorstandsvorsitzender

*Nur bis zum
30.06.2016*

50%

*Rabatt
+ Gewinnchance!*

XING AG
Dammtorstraße 30
20354 Hamburg
Deutschland
Web: www.xing.com

Amtsgericht Hamburg HRB 98807

Aufsichtsratsvorsitzender: Stefan Winners
Vorstand: Dr. Thomas Vollmoeller (Vors.), Ingo Chu, Jens Pape, Timm Richter

◙ **Abb. 3.12** Mailing eines Social Business Networks – Brief. (Quelle: XING AG)

⬛ Abb. 3.13 Mailing eines Social Business Networks – Flyer. (Quelle: XING AG)

3.2.8 Experiential Advertising

Experiential Advertising setzt als Werbeform auf ein hohes Maß an Nähe zur Zielgruppe und zählt zu dem Bereich des **Event-Marketings.** Übergeordnetes Ziel derartiger „Markenevents" ist der Aufbau von unmittelbaren Kontakten zur Zielgruppe zwecks Stiftung besonderer Markenerlebnisse. Hierbei geht die Einbindung der Marke über bloße **Sponsorings** von Events hinaus, da hier die Marke des Unternehmens alleine im Fokus steht und nicht nur als eine andere Entertainmentmarken (wie z. B. Musiker) unterstützende Marke in Erscheinung tritt. Im Rahmen derartig markenexklusiver Events besteht die Möglichkeit, das Markenerlebnis der Zielgruppe konzeptionell ohne die Einschränkungen der Interessen von Markenpartnern zu gestalten und bspw. auch die unmittelbare Erfahrung von Produkten zu ermöglichen.

Mit **Experiential Advertising** werden in der Regel folgende **Ziele** verbunden:
1. Die Beziehung zur Zielgruppe intensivieren/emotionalisieren
2. Jüngere Zielgruppen erreichen, aktivieren und zum Weitererzählen von Erlebnissen animieren
3. Konsumenten unmittelbar in Kontakt mit einer Marke und ihren Produkten bringen

Beispiel: Experiential Advertising der Marke Adidas (The Base)
Um den Kontakt zu jungen, fußballinteressierten Zielgruppen zu pflegen, hat sich die Marke *Adidas* entschieden, dieser Zielgruppe in Berlin eine Halle zur Verfügung zu stellen. In dieser Halle wurden verschiedene Spielflächen gestaltet, die das Fußballspiel in unterschiedlichen

◨ **Abb. 3.14** Wettbewerb in der Halle *The Base* von *Adidas*. (Quelle: Adidas)

Formen ermöglichen.[8] Neben eher klassischen Spielflächen wurden bspw. auch kleine „Käfige" und eine Fußballtennisfläche gestaltet, in denen sich Spieler in Einer-gegen-einen-Situationen beweisen können.

Konzeptionell steht bei *The Base* der Gedanke des Straßenfußballs im Vordergrund. Dieser steht im Vergleich zum geregelten Spielbetrieb des Vereinsfußballs für von Kindern und Jugendlichen selbst entwickelte Spielformen (und Regeln) und ein höheres Maß an Kreativität. Dieser Gedanke wird durch die von den Veranstaltern regelmäßig durchgeführten Wettbewerbe vor Publikum unterstützt (s. ◨ Abb. 3.14).

In diesem Zuge kommt es nicht nur zu einer Emotionalisierung der Marke, sondern vor dem Hintergrund von **Product Placements** und Produktpräsentationen in der Halle auch zu einer Fülle an Kontakten mit den Produkten der Marke (s. ◨ Abb. 3.15).

---

8   Auf der *Facebook*-Seite wird die Location wie folgt beschrieben: „The Base von adidas Fußball in Berlin Wedding ist die heißeste Fußball Location der Hauptstadt Hier treffen sich Straßenfußballer, FIFA-Zocker, Fußballverrückte, Champions League addicts, Panna-Künstler und Freestylegötter um gemeinsam unsere Leidenschaft für urbane Fußballkultur zu zelebrieren. Euch erwarten die besten Challenges der Stadt & einzigartige Events mit den Stars von Adidas! Kommt rum, testet die neuen Boots und zockt mit eurer Crew oder gegen eure besten Freunde – wir freuen uns auf euch! #NeverFollow #TheBaseBerlin." (The BASE Berlin o.J.).

◘ Abb. 3.15 Produktpräsentation der Marke *Adidas* in der Halle *The Base*. (Quelle: Adidas)

Jenseits des Fußballsports wird die Halle von der Marke auch für die Veranstaltung von Konzerten genutzt. Hierbei stehen einerseits die Ausweitung der Reichweite auch jenseits fußballbegeisterter Zielgruppen und andererseits die ganzheitliche Steigerung der „Street Credibility" der Marke im Vordergrund (s. ◘ Abb. 3.16).

Da die Verbreitung der Werbeform *The Base* aufgrund der Lokalisierung im Berliner Stadtteil Wedding eine regionale Begrenzung aufweist, ist es betriebswirtschaftlich notwendig, die Reichweite der Maßnahme über andere Medien zu vergrößern. *Adidas* nutzt in diesem Zusammenhang *Facebook* als zentrale Kommunikationsplattform für die Verbreitung von locationbezogenem Content (Bilder und Videos von Events) und News.

Folgende **konzeptionell-gestalterischen Prinzipien** sollten bei der Entwicklung von **Experiential Advertising** beachtet werden:
1. Stiftung eines Höchstmaßes an Nähe zu der Zielgruppe
2. Die Möglichkeit zur Produktnutzung bieten
3. Dauerhafte Anbahnung und Pflege von Kontakten zur Zielgruppe (z. B. über Social Media)

◘ Abb. 3.16 Rap-Konzert in der Halle *The Base*. (Quelle: Adidas)

3.2.9 **Heritage**

Eine der scheinbar „natürlichen" Arten, um zu werben, stellt die Akzentuierung der Herkunft bzw. „Heritage" einer Marke dar. Der Grundgedanke dieses Werbekonzepts basiert auf der Übertragung von Werten und Qualitäten von Regionen oder Kulturen auf Marken. Hierbei spielen neben der Exklusivität der Herkunft (Schinken aus Parma = „Parmaschinken") häufig auch eher generische Werte, die Konsumenten mit bestimmten Kulturkreisen verbinden, eine Rolle (z. B. Schweden = Natürlichkeit). Forschungsprojekte der sog. Country-of-Origin-Forschung haben die Bedeutung von kulturellen Bezügen bei der Produkt- und Markenwahl bestätigt und gezeigt, dass Konsumenten Marken „oftmals anhand ihrer nationalen bzw. regionalen Herkunft bewerten" (Meffert und Burmann 2002, S. 58).

Mit der Entwicklung von Heritagewerbung werden oft folgende Ziele verbunden:
1. Akzentuierung des Bezugs der Marke zu einem bestimmten Kulturkreis (z. B. Land, Region oder Subkultur)
2. Übertragung der Werte des Kulturkreises auf die Marke
3. Klare und nachhaltige Differenzierung vom Wettbewerb

◩ **Abb. 3.17** Logo der
irischen Marke *Kerrygold*.
(Quelle: Ornua Deutschland
GmbH o.J.)

Das Gold der Grünen Insel.

Beispiel: Heritage der Marke *Kerrygold*

Die Marke *Kerrygold* wird von dem genossenschaftlich organisierten Verbund irischer Milchbauern *Ornua* vertrieben und vermarktet. Im stark preisgetriebenen Wettbewerb der Milchprodukte sind die Markenprodukte von *Kerrygold* vergleichsweise hochwertig positioniert. Um die mit dieser Positionierung einhergehenden höheren Preise für generische Produkte wie Butter durchsetzen zu können, hat sich *Ornua* für die Akzentuierung der irischen Herkunft der Marke als „Gold der Grünen Insel" entschieden. Der Vorteil dieser Strategie: Diese Herkunft betont einen funktionalen und für andere Hersteller schwer zu proklamierenden Produktvorteil, da Kühe in Irland, verglichen mit Kühen in Nord- oder Zentraleuropa, länger im Jahr auf den Weiden grasen und weniger Zeit in Ställen verbringen. Laut Angaben des Herstellers resultiert hieraus eine höhere Qualität der Milchprodukte.[9]

Die irische Herkunft wird vom Markenlogo bis zum Internetauftritt von der Marke *Kerrygold* dementsprechend integriert kommuniziert. Zentrale Darsteller der TV-Werbung sind Milchbauern, die sich auf irischen Weiden bewegen (s. ◩ Abb. 3.18), das Logo der Marke ziert eine Milchkuh auf grüner Wiese, eingefasst von dem genannten Markenclaim (s. ◩ Abb. 3.17), und auch auf der Website ist die Produkt- und Markenpräsentation in eine irisch anmutende Markenwelt eingebettet (s. ◩ Abb. 3.19).

---

9   Auf der *Kerrygold*-Website wird diese Besonderheit als spezifisch irisches „Weidemilchprinzip" wie folgt beworben: „Gut für die Qualität, Kühe und Natur: Immergrüne Weiden sind das Markenzeichen Irlands und bilden unser Fundament. Das milde Klima begünstigt eine extralange Weidesaison und erlaubt es unseren Kühen, bis zu 300 Tage im Jahr über frisches und saftiges Gras zu fressen." (Ornua Deutschland GmbH o.J.)

▶ Abb. 3.18 Heritage-Werbung (Irland) der Marke *Kerrygold*. (Quelle: Ornua Deutschland GmbH o.J.)

▶ Abb. 3.19 Website der Marke *Kerrygold*. (Quelle: Ornua Deutschland GmbH o.J.)

Folgende **konzeptionell-gestalterischen Prinzipien** gilt es bei der Entwicklung von Heritagewerbung zu beachten:

1. Eindeutigkeit: Herstellen eines klaren kulturellen Bezugs durch die Verwendung eindeutiger Bilder, Symbole und Farben
2. Authentizität: Akzentuierung der kulturellen Herkunft der Marke/des Unternehmens auf eigenen Kommunikationsplattformen (z. B. Website)
3. Ganzheitlichkeit: Kommunikation der Heritage im Sinne einer „360-Grad-Kommunikation" über alle Marketing-Maßnahmen

3.2.10 **Humor**

Die Verwendung von Humor stellt eine **der** klassischen Mechaniken der Werbung dar, wobei in diesem Zusammenhang immer wieder die höhere Wirkung von Werbung mit Humor betont wird (vgl. Geuens und Pelsmaker 2002, S. 13 f.).

Mit der Entwicklung von humoriger Werbung werden oft folgende **Ziele** verbunden:

1. Ein höheres Maß an Aufmerksamkeit erzielen
2. Die Bereitschaft steigern, sich auf das Werbemittel einzulassen, frei nach dem Motto: *„Wer lacht nicht gern?"*
3. Die Absendermarke des Unterhaltungsangebots sympathischer erscheinen lassen

Humor kann über unterschiedlichste Konzepte Teil von Werbung werden. Folgende Mechaniken sind im Bereich der humorvollen Werbung einschlägig:

- Wortspiele
- Übertreibungen
- Provokationen
- Variation von Perspektiven
- Persiflage und Parodie

Überzeichnungen haben nach Pricken (2007, S. 64) bspw. den Vorteil, dass sie Aufmerksamkeit erzeugen „und den Produktnutzen drastisch und einprägsam in Szene setzen". Zentral bei der Verwendung von Humor ist nach Meffert et al. (2008, S. 716) auch die Verknüpfung des Humors mit dem zentralen Werbeversprechen und der werbenden Marke. Wird Humor als reiner Aufmerksamkeitsanker genutzt, droht ein Scheitern der Absenderidentifikation und des Verständnisses, worum es in dieser „witzigen Werbung" überhaupt ging. Darüber hinaus empfiehlt Pricken (2007, S. 64) die Verwendung klarer und einfacher Botschaften, um bei der Verwendung von Humor negative Assoziationen auslösende Missverständnisse zu vermeiden.

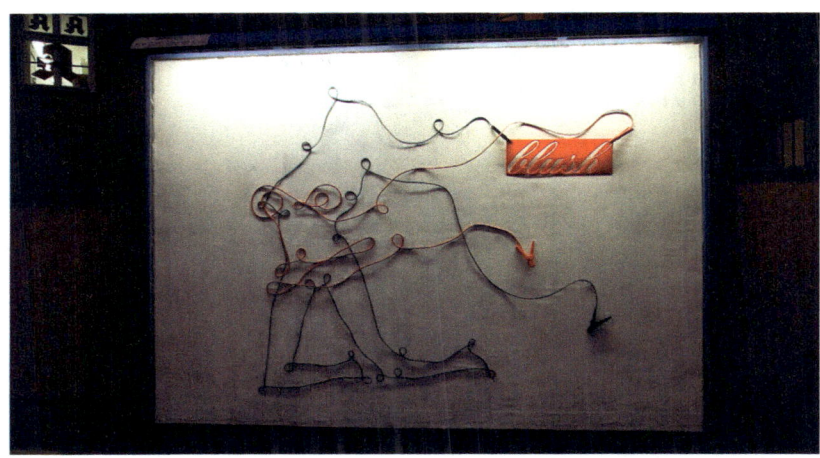

◻ **Abb. 3.20** Plakat „Starthilfe" der Marke *Blush*. (Quelle: Glow Communication)

Beispiel: Humor in der Werbung der Marke *Blush*
Die Berliner Dessousmarke *Blush* ist für ihren kreativen und unkonventionellen Umgang mit dem Medium Plakat bekannt. ◻ Abb. 3.20 zeigt ein Plakat der Marke, bei dem *Blush* metaphorisch als „Starthilfe" für die Dynamisierung von zwischenmenschlichen Beziehungen inszeniert wird.

Folgende **konzeptionell-gestalterischen Prinzipien** sollten bei der Werbung mit Humor beachtet werden:
1. Verknüpfung des Humors bzw. „Witzes" mit dem Werbeversprechen
2. Die Marke integrieren, damit sie von der mit der Werberezeption einhergehenden Sympathie für den Absender klar profitieren kann
3. Klare und einfache Botschaften verwenden, damit der Witz von möglichst vielen schnell verstanden werden kann

3.2.11 Imagewerbung

Imagewerbung kann als strategisches Pendant zur Produktwerbung verstanden werden, da hier weniger der direkte „Verkauf" von Produkten als vielmehr die Profilierung der Marke im Sinne der Markenpositionierung (s. ▶ Abschn. 2.3) im Vordergrund steht. Imagewerbung wird oft als eine Art „Königsdisziplin" der Werbung bezeichnet,

□ Abb. 3.21 Imagemotiv
der Marke *11 Freunde*.
(Quelle: 11 Freunde)

bietet sie doch die Möglichkeit, die Marke „frei" von weiteren Kommunikationsaufgaben zu profilieren. Mit der Imagewerbung verbindet sich die Hoffnung, dass die zentralen Aussagen der Markenkommunikation Teil der **Markenimages** werden, die Adressaten mit der entsprechenden Marke verbinden.

Mit der Entwicklung von Imagewerbung werden oft folgende Ziele verbunden:
1. Generierung von Aufmerksamkeit für die Marke
2. Profilierung des **Markenimages** im Sinne der strategischen **Markenpositionierung**
3. Erlangung einer Alleinstellung im Wettbewerbsumfeld

□ Abb. 3.21 zeigt ein Imagewerbebeispiel der Marke *11 Freunde*. Idealtypisch wird hier die ganze Aufmerksamkeit der Betrachter auf ein zentrales Bildmotiv bzw. **Key Visual** und ein klares **Markenversprechen** in Form einer Bildüberschrift bzw. **Headline** gelenkt. Dieser Umstand führt dazu, dass sich diese Form der Werbung oftmals klar von Maßnahmen verkaufsorientierter Werbung unterscheidet.

□ **Abb. 3.22** Mamma oder Mafia? Unklare Musteransprache durch einen gastronomischen Betrieb. (Foto des Plakats: Thomas Heun)

Folgende **konzeptionell-gestalterischen Prinzipien** gilt es bei der Entwicklung von Imagemotiven zu beachten:

1. Fokussierung auf ein zentrales **Markenversprechen**
2. Ableitung des Markenversprechens aus der **Markenpositionierung**
3. In Anbetracht der strategischen Bedeutung: Sicherstellung einer vergleichsweise hohen Wertigkeit der werblichen Anmutung

3.2.12 Kulturelle Schemata

Kulturelle Schemata sind tradierte, kollektive Vorstellungs- und Erwartungsmuster, die häufig an bestimmte Kulturräume gebunden sind. In der Werbung werden derartige Schemata auf sehr unterschiedlichen Ebenen verwendet. Neben der Einbindung in Form von Charakteren der Werbung werden diese z. B. auch in Form von Markennamen (s. die Marke „Mamma's" in □ Abb. 3.22) genutzt.

Mit der Entwicklung von Werbung unter der Verwendung von kulturellen Schemata werden oft folgende Ziele verbunden:
1. Beiläufige Aktivierung von Assoziationsketten
2. Positionierung der Marke als Teil einer bestimmten Kultur/Tradition
3. Erlangung einer Kontinuität in der werblichen Kommunikation

Die Kraft der kulturellen Muster liegt in ihrer schnellen und in der Regel allgemeinen Verständlichkeit innerhalb eines Kulturraums. Muster, wie die des „Helden", stehen für Vorstellungen, die sich erstens über einen längeren Zeitraum gebildet haben und die zweitens kollektiv geteilt werden. So wird bspw. das Schema der „Mama" auch heute noch von einer Vielzahl von Menschen mit einem hohen Maß an Geborgenheit, Wärme und Fürsorge verbunden. Idealtypisch steht hierfür in Zentraleuropa das Konzept der italienischen „Mamma", die nicht nur für ein hohes Maß an Geborgenheit steht, sondern die darüber hinaus auch mit „einfach guter" italienischer Küche („Cucina a la mamma") verbunden wird. Entsprechend oft wird dieses Muster von Marken aus dem Foodbereich angewendet. ◼ Abb. 3.22 zeigt den Versuch einer italienischen Gastronomiemarke, durch den Markennamen die mit diesem Muster und „Symbolbündel" verbundenen Assoziationen im Sinne der Marke zu aktivieren. Problematisch hierbei ist jedoch die Abwesenheit einer entsprechenden Abbildung in Form einer „Mamma" als **Key Visual.**

Folgende **konzeptionell-gestalterischen Prinzipien** sollten bei der Entwicklung von Werbung unter Verwendung kultureller Schemata beachtet werden:
1. Gültigkeit des kulturellen Schemas in dem avisierten Kulturraum
2. Relevanz des kulturellen Schemas im Sinne der Markenpositionierung (Relevanz, Glaubwürdigkeit, Eigenständigkeit)
3. Eindeutigkeit und Klarheit des Schemas in der kreativen Umsetzung

3.2.13 **Native Advertising**

Eine dem **Branded Content** verwandte Form von Werbung stellt das **Native Advertising** dar. Hierbei handelt es sich um werbliche Inhalte, die ihren werblichen Charakter durch die Verwendung des „Gewands" des redaktionellen Umfelds, in dem sie platziert werden, verschleiern (s. ◼ Abb. 3.23).

Im Falle des Werbebeispiels lässt sich der werbliche Charakter auf dem Microblogging-Dienst *Twitter* auf den ersten Blick trotz deutlicher Absenderkennzeichnung durch Logo und Markenname kaum von durch den Nutzer abonnierten Diensten unterscheiden.[10] Erst der Hinweis „gesponsort" am linken unteren Bildrand fungiert als Kennzeichnung von Werbung (◼ Abb. 3.23, rechtes Bild).

---

10   Hierbei handelt es sich um Postings aus der „Startseite" des Autors (Thomas Heun@thomasheun).

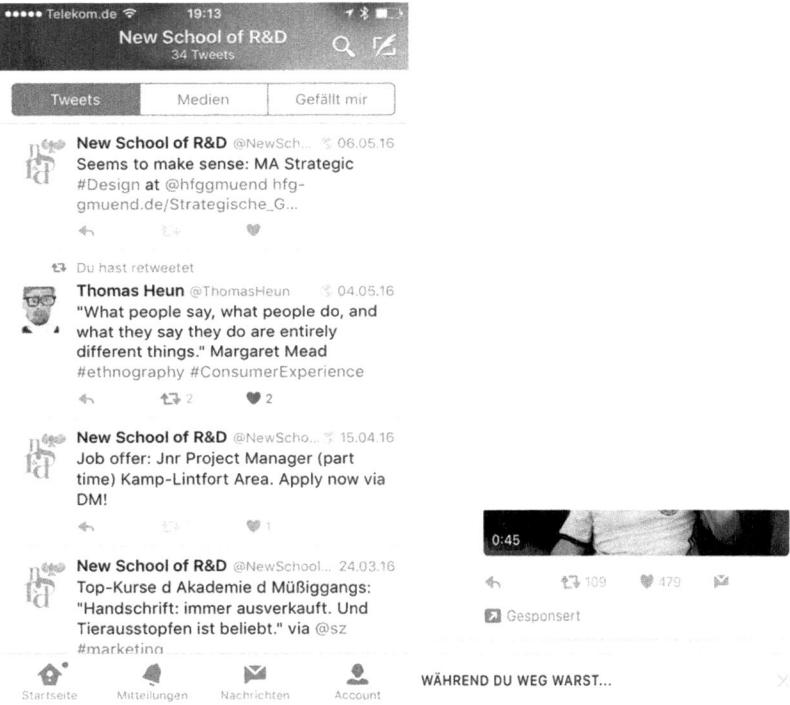

Abb. 3.23 Native Advertising auf Twitter (*rechtes Bild*) und Tweets der Marke *New School of R&D*. (Quellen: ▶ https://twitter.com/NewSchoolRD1 (*links*); ▶ https://twitter.com/Lufthansa_DE (*rechts*); Zugriff via Twitter am 07.06.2016)

Die Schwierigkeit der Einordnung als „Werbung" basiert erstens auf den Grundprinzipien des „Teilens" („Retweeten") von Postings („Tweets") auf *Twitter*. So kann es vorkommen, dass Beiträge von Marken innerhalb von sozialen Follower-Netzwerken geteilt werden, weil Nutzer diese als ganz besonders informativ oder unterhaltsam empfinden. Zweitens führt das eher zügige Scrollen durch die Tweets zu einem eher oberflächlichen Suchen und Finden von interessanten und relevanten Inhalten, und es ist davon auszugehen, dass es den Nutzern nicht immer bewusst ist, welchen Nutzern sie in diesen Netzwerken folgen und bei welchen Inhalten es sich um bezahlte Postings im Sinne von Werbung bzw. Paid Content handelt.

Mit **Native Advertising** werden in der Regel folgende **Ziele** verbunden:
1. Wahrnehmung des Werbemittels als redaktioneller Content und nicht als Werbung
2. Erreichen von wenig werbeaffinen Zielgruppen
3. Stärkere Auseinandersetzung mit den Inhalten als im Falle von klassischen Werbeformen

Beispiel: Bild Brand Story

Die Werbevermarktung „Media Impact" des Verlags *Axel Springer AG* wirbt um Anzeigenkunden mit dem Versprechen, Marken für ihre Werbung „echte Headlines im BILD-Stil" zu produzieren. Darüber hinaus bietet er eine Nähe zum journalistischen Stil der Marke *Bild* durch „emotionale Texte, große Buchstaben, starke Bilder! Markenbotschaften werden maßgeschneidert in BILD typischen Geschichten inszeniert. Das Resultat: die BILD Brand Story!" (Bild GmbH & Co. KG o.J.) Neben der prominenten Platzierung der Werbemaßnahmen macht der Verlag Versprechen, die den Unterschied zwischen Medienanbieter und Marketingdienstleister bzw. Werbeagentur aufheben: „Wir erzählen Ihre Geschichte nicht nur in Text und Foto, sondern kreieren aufwendige Grafiken, spektakuläre Videos, witzige Quiz-Formate, 360 Grad Bewegtbild ... alles geht." (Bild GmbH & Co. KG o.J.)

Eine dem Native Advertising verwandte Form der Werbung stellt im Printbereich das **Advertorial** dar. Hierbei handelt es sich um bezahlte Anzeigen, die sich durch die Verwendung der Gestaltungsprinzipien (Layout der Seite, insbesondere Verwendung derselben bzw. einer ähnlichen Schriftart) des Printtitels kennzeichnen.

Folgende **konzeptionell-gestalterischen Prinzipien** gilt es bei **Native Advertising** zu beachten:
1. Angleichung der Gestaltung an das Design des Trägermediums
2. Vermeidung eines werblichen Stils und Verwendung einer redaktionellen Tonalität
3. Aufbau einer Argumentation im Sinne der Marke mit indirekter Hinführung zu den Angeboten der Marke (z. B. Website)

3.2.14 Outdoor und Ambient

Außenwerbung subsummiert alle Werbeformen im öffentlichen Raum. Neben der nach wie vor stark verbreiteten Plakatwerbung (an Plakatwänden, Litfaßsäulen, City-Lights oder Baustellenzäunen) zählen zum Bereich der „Outdoor"-Werbung auch Werbeformen in/an Verkehrsmitteln, Bandenwerbung, Werbung in der Gastronomie und jegliche Formen der Leuchtmittel- und Luftwerbung.

Mit **Outdoor Advertising** werden in der Regel folgende **Ziele** verbunden:
1. Ansprache breiter Zielgruppen, da der Kontakt zum Werbeträger im öffentlichen Raum kaum eine Zielgruppe ausschließt

Abb. 3.24 Plakatmotiv der Marke *Blush*. (Quelle: glow communication)

2. Erreichen von regionalen Zielgruppen
3. Setzen visueller Reize im öffentlichen Raum

Wenn Outdoorwerbung zur Verbreitung der Werbebotschaften in Betracht gezogen wird, stehen einer flächendeckenden Belegung von Plakatflächen oftmals die vergleichsweise hohen Kosten im Wege. Darüber hinaus gilt es bei der Gestaltung zu bedenken, dass Kontakte zu Outdoorwerbeformen einen oft sehr beiläufigen Charakter haben. Hieraus resultiert die Notwendigkeit der plakativen Gestaltung von Botschaften.

Beispiel: Außenwerbung der Marke *Blush*

Die Dessous-Marke *Blush* versucht, durch die Verwendung von Humor in Form von ironischen Kommentaren für zusätzliche Unterhaltung jenseits von **Sex-Sells**-Strategien zu sorgen (s. ■ Abb. 3.24). Im regionalen Umfeld des Shops werden einzelne Plakatflächen gezielt genutzt, um die Produkte der Marke einerseits recht klassisch an leicht bekleideten Frauenkörpern zu präsentieren. Andererseits wird die Verwendung der eher „platten" **Sex-Sells**-Mechanik durch ironische Kommentare und/oder Bezüge zu aktuellen Debatten (wie z. B. dem Gleichberechtigungsdiskurs) „entschärft".

■ **Abb. 3.25** Ambientwerbeform im Hafen von London.
(Foto: Thomas Heun)

Sonderwerbeformen bieten, auch wenn sie oft auf wenige Orte beschränkt sind, eine
Fülle an Möglichkeiten, Botschaften auf ungewöhnliche Art und Weise zu platzieren.
■ Abb. 3.25 zeigt eine Ambientwerbeform im Hafen von London, mit der die Marke
airbnb ihr Wohnraumangebot auf ungewöhnliche Art und Weise transportiert.

Der kreative Umgang mit Markenbotschaften im öffentlichen Raum hat frühzeitig
Kritik hervorgerufen. ■ Abb. 3.26 verweist auf die Kritik der Plakatierung von Häu-
serwänden in Frankreich im Jahr 1836.

> ❯ Auf den Punkt gebracht: Große und aufmerksamkeitsstarke Plakate stellen gestern
> wie heute einen Eingriff in die Stadtraumgestaltung dar, der durch Gestaltungsprä-
> missen Reglementierung erfährt.

Folgende konzeptionell-gestalterischen Prinzipien sollten bei Outdoor Advertising
beachtet werden:

1. Plakativität: Gute Lesbarkeit von Texten und Verwendung von klaren und präg-
   nanten Bildmotiven

◻ Abb. 3.26 Lithografie „Die Plakatierungssucht" (1836) von J.J.G. Bourdet. (Quelle: Paris, Bibliothèque nationale)

2. Einfachheit und Klarheit: Leichte Verständlichkeit der Motive bzw. Botschaften aufgrund der z. T. sehr kurzen Kontaktzeiten
3. Aufmerksamkeitsstärke: Durch das Setzen visueller Reize (besondere Farben oder Motive etc.)

3.2.15 Print

Printwerbung (in Magazinen und Tageszeitungen) stellt eine der ältesten Werbeformen der Wirtschaftswerbung dar. Auch wenn diese Werbeform vor dem Hintergrund von rückläufigen Auflagenzahlen von Printmagazinen im 21. Jahrhundert ein wenig antiquiert wirkt, hat auch diese Werbegattung nach wie vor eine große Bedeutung, bspw. wenn es um das Erreichen von älteren Zielgruppen oder Fachpublikum geht.

Mit **Printwerbung** werden in der Regel folgende **Ziele** verbunden:
1. Adressierung von Lesern in einer entspannten und konzentrierten Mediennutzungssituation

2. Platzierung der Anzeige in einem vergleichsweise hochwertigen journalistischen Contentumfeld und damit erhöhte Glaubwürdigkeit/Vertrauenswürdigkeit
3. Erreichen überdurchschnittlich gebildeter und spezieller Zielgruppen

Der Aufbau einer Printanzeige lässt sich anhand der Anzeige der Firma *Trox*, eines global tätigen Unternehmens im Bereich der Klimatechnik, verdeutlichen.

Beispiel: Printwerbung der Marke *Trox*
Die Produktwerbung von *Trox* richtet sich an die **Business-to-Business**-Zielgruppe der Investitionsentscheider im Bereich der Gebäudetechnik mit dem Ziel der Information über das Produkt *X Aircontrol* (s. ◘ Abb. 3.27).
Im Zentrum der Argumentation steht die bildliche Darstellung der Integration des Produkts in ein modernes Bürogebäude. Mit visuellen Mitteln wird versucht, die funktionalen Nutzen und Bestandteile des Produkts inkl. der Steuerungsmöglichkeiten durch digitale Devices zu transportieren. Aufgrund der Größenverhältnisse kann von einem Blickverlauf bei der Betrachtung der Anzeige ausgegangen werden, der vom (großen und zentralen) Bildmotiv zu dem vergleichsweise kleinen Text geht. Eine **Subline** transportiert das zentrale Produktversprechen der „Efficient room control", welche durch eine **Body Copy** mit weiterführenden Produktinformationen ergänzt wird. Charakteristisch für Printwerbung ist hier der Versuch, über den Textbaustein ergänzende Informationen zu dem Angebot zu transportieren. Aufgrund der hohen Aufmerksamkeit von Fachzielgruppen bei der Lektüre der entsprechenden Fachpublikationen stellt diese „Textlastigkeit" eines der typischen Merkmale von **Business-to-Business**-Werbung dar.

❯ Auf den Punkt gebracht: Printwerbung bietet die Möglichkeit des Transports von Detailinformationen in Ergänzung zu zentralen Werbeversprechen.

Folgende konzeptionell-gestalterischen Prinzipien gilt es bei Printwerbung zu beachten:
1. Verwendung von visuellen Reizen (Bilder, Farben etc.) zwecks Gewinnung von Aufmerksamkeit
2. Text und Bild sollten sich im Sinne einer einheitlichen und leicht verständlichen Dramaturgie und Argumentation ergänzen
3. Klare Hierarchie der Anzeigenbausteine nach Wichtigkeit, ohne die Einbindung der Absendermarke zu vernachlässigen

3.2.16 Produktwerbung

Der Name des Konzepts der Produktwerbung macht schnell klar, dass hierbei die Marke zugunsten von Produkten häufig in den Hintergrund tritt. Produktwerbung wird in der

Efficient room control

- Individual control of rooms or zones as well as of entire buildings
- Optimisation of the air handling unit based on ventilation and air conditioning parameters
- Centralised alarm management and display of actual operating values
- Cost optimisation due to reduced number of data points
- Easy commissioning

Abb. 3.27 Business-to-Business-Anzeige der Firma Trox

Regel bei der Lancierung neuer Produkte oder in Fällen zu geringer Absatzzahlen von bestehenden Produkten als taktisches Mittel der Kommunikation in Erwägung gezogen. Einen Sonderfall der Produktwerbung stellt die Werbung mit **Produktheroes** dar. Hierbei werden besondere Produkte in das Zentrum der Kommunikation gestellt, um bestimmte strategische Ziele für die Marke zu erreichen. So wird bspw. Supermarktketten nachgesagt, dass sie oftmals ganz besonders begehrte Produkte (wie die 500 g-Packung Kaffee) zu vergleichsweise günstigen Preisen in das Zentrum ihrer Kampagnen stellen, um ihre Marke als besonders günstig darzustellen. Hiermit wird die Hoffnung verbunden, dass die Konsumenten nach dem Werbekontakt gezielt den Einzelhändler ansteuern, um das beworbene „Heroeprodukt" (und weitere Produkte) zu erwerben.

Mit der Entwicklung von Produktwerbung werden oft folgende Ziele verbunden:

1. Generierung von Aufmerksamkeit für bestimmte Produkte
2. Transport von bestimmten Produkteigenschaften
3. Stimulierung von Impulskäufen

Beispiel: Produktmotiv der Marke *11 Freunde*

■ Abb. 3.28 zeigt ein Produktmotiv der Marke *11 Freunde,* welches anlässlich der Veröffentlichung einer neuen Ausgabe des Magazins geschaltet wurde. Hierbei steht sehr deutlich

◘ **Abb. 3.29** Werbeplakat mit einem eindeutigen Call-to-Action. (Foto des Plakats: Thomas Heun)

die Bewerbung des Produkts im Vordergrund. Das Cover der Ausgabe wird entsprechend prominent abgebildet und durch eine **Headline** inklusive einer (indirekten) Handlungsaufforderung **(Call-to-Action)** ergänzt (s. ◘ Abb. 3.28 und 3.29).

Folgende **konzeptionell-gestalterischen Prinzipien** sollten bei der Entwicklung von Produktwerbung beachtet werden:
1. Der „Auftritt" des Produkts dominiert den Markenauftritt
2. Die Produktdarstellung hat Vorrang vor weiteren, aufmerksamkeitsstarken Gestaltungsideen
3. Integration eines klaren Call-to-Actions bzw. einer Handlungsaufforderung

3.2.17 Radiowerbung

Auch wenn das Medium Radio laut Mediennutzungsstudien wie der Media Analyse (MA) zu den am stärksten genutzten Medien gehört, entfällt ein vergleichsweise geringer Anteil von deutlich weniger als 8 % der gesamten Werbeausgaben auf diese Werbegattung. Als

Grund hierfür gilt, neben der Beschränkung der technischen Möglichkeiten auf die akustische Übertragung von Werbeinhalten, der spezielle Charakter des Mediums Radio als „Nebenbeimedium". Radio wird zwar flächendeckend genutzt, diese Nutzung findet aber eher selten unter einer dem Medium zugewandten Aufmerksamkeit, sondern häufig parallel zu anderen Aktivitäten wie z. B. Autofahren statt. Hieraus resultiert einerseits der Glaube, dass es vergleichsweise schwer ist, über das Medium Radio Aufmerksamkeit für Werbebotschaften zu erlangen. Andererseits befeuert dieses mediale Manko die kreativ-gestalterische Praxis der Radiospotproduktion, und es kommt zu einer Verwendung einer Vielzahl an akustischen Lauten, um Aufmerksamkeit mehr oder weniger „gewaltsam" herzustellen.[11]

Mit Radiowerbung werden in der Regel folgende **Ziele** verbunden:

1. Schneller Reichweitenaufbau bzw. Erreichen eines hohen Prozentsatzes der Zielgruppe innerhalb eines kurzen Zeitraums
2. Erreichen regionaler Zielgruppen
3. Kurzfristiges Setzen von Abverkaufsimpulsen

Beispiel: Radiowerbung der Marke *Seitenbacher*

Die Radiowerbung der Marke *Seitenbacher* hat es in Deutschland aufgrund der Konzentration des *Seitenbacher*-Werbebudgets in der Gattung Funk und der polarisierenden Spots zu einer gewissen Bekanntheit gebracht. Im Zentrum stehen Dialoge mit der vom *Seitenbacher*-Gründer entwickelten (und gesprochenen) **Werbefigur „Karle"**. Medienberichten zufolge stieg die Markenbekanntheit der Marke „von Spot zu Spot", wobei die „unkonventionelle Machart und der schwäbische Einschlag [...] von Anfang an die Hörer polarisiert hat" (Freytag 2013).

Bergsteiger 1 (in schwäbischer Mundart, im Hintergrund pfeift der Wind und aus der Ferne ist ein Jodeln zu vernehmen):
So Karle, jetzt hän wir es geschafft. Gut, dass mia des Bergsteigermüsli von Seitenbacher gegessen hänt.

Bergsteiger 2 (erste Zeile in schwäbischer Mundart, ab Zeile 2 hochdeutsch):
Jo, das neue Bergsteiger Müsli vom Seitebacher.
Seitenbacher Bergsteiger Müsli,
Bergsteiger Müsli von Seitenbacher.

Zusätzlich zu der u. U. polarisierenden schwäbischen Mundart kommt es in dem Spot zu einer schwer zu ertragenden, vierfachen Wiederholung des Marken und Produktnamens, was die eingangs geschilderten Herausforderungen der Werbeform eindrucksvoll verdeutlicht. Der Macher des Spots wurde offenbar von der Vorstellung geleitet, dass Werbung insbesondere dann Wirkung zeigt, wenn Marken und Produktnamen

---

11 Was wiederum dem Ansehen der Werbegattung in der Bevölkerung („nervig") und in Fachkreisen („plump") schadet.

penetriert werden. Aus diesem Grund ist es essenziell, im Rahmen von Werbefor-schungsaktivitäten nicht nur Erinnerungswerte an Werbung zu erheben, sondern auch „weiche" Faktoren wie z. B. die Sympathie bzw. Likeability einer Werbemaßnahme.

> **Auf den Punkt gebracht: Die gewaltsame Erzielung von Aufmerksamkeit mit plumpen akustischen Reizen und die übertriebene Penetration von Markenna-men wirken schnell kontraproduktiv im Sinne einer „high awareness of dislikes" eines Radiospots.**

Folgende **konzeptionell-gestalterische Prinzipien** gilt es bei der Entwicklung von **Radiowerbung** zu beachten:
1. Erzielung von Aufmerksamkeit der Hörer beim „Nebenbeihören" durch gute Ideen und Geschichten und weniger durch Lärm (Schreie, Sirenen etc.)
2. Erlangen einer akustischen Eigenständigkeit im Werbeblock (z. B. durch Marken-musik, Sprecher oder **Audio-Logos**)
3. Klarer Transfer des Nutzens und eindeutiger **Call-to-Action**

3.2.18 Social Media

Digitale soziale Netzwerke wie *Facebook* oder *Twitter* haben heute einen wesentli-chen Anteil daran, dass im Marketing von einer „Dynamisierung des Consumer Turn" (Heun 2014) gesprochen werden kann. Sie sind für Konsumenten vergleichsweise leicht zu nutzen und ermöglichen jedermann die Verbreitung von „Content" oder auch von Kommentaren zu Marken. Die gestiegene Bedeutung von Social Media für Marken basiert einerseits auf der Popularität von sozialen Netzwerken wie *Facebook* und der damit einhergehenden Erreichbarkeit von Zielgruppen. Andererseits ermög-lichen soziale Netzwerke wie beschrieben die Verbreitung von **Branded Content** über Sympathisanten und Fans der Marke.

Mit Werbung über **Social Media** werden in der Regel folgende **Ziele** verbunden:
1. Jüngere Zielgruppen erreichen
2. Virale Effekte im Sinne einer Weiterverbreitung der Markenbotschaften durch die Nutzer von sozialen Netzwerken erzielen
3. User der Netzwerke zur Interaktion mit den Marken animieren und an die Marke binden

Beispiel: Social-Media-Werbung der Marke Adidas (The Base)
Wie bereits im Rahmen der Werbeform des **Experiential Advertisings** dargestellt, versucht die Marke *Adidas*, junge und fußballinteressierte Zielgruppen über eine Fußballlocation („The Base") in Berlin anzusprechen und an die Marke zu binden. Da die Location in diesem

Fall an einen Ort gekoppelt ist, werden die hier stattfindenden Events und Contests in Form von Fotos und bewegten Bildern dokumentiert und über das Social Network *Facebook* in Richtung einer überregionalen Zielgruppe verbreitet (s. ◘ Abb. 3.30). Zugleich fungiert Facebook als Marketingkanal für die Bewerbung der hier stattfindenden Veranstaltungen, die den Usern das Gefühl der Chance auf einen exklusiven Zugang vermitteln.

Folgende **konzeptionell-gestalterische Prinzipien** sollten bei der Entwicklung von **Social Media**-Werbung beachtet werden:

1. Den Usern einen klaren Nutzen bieten, sich mit den Postings der Marke auch auseinanderzusetzen; hierbei wirken sich Bilder/Key Visuals mit klarer Botschaft positiv auf die Bereitschaft zur Interaktion aus
2. Diesen u. U. „peripheren Nutzen" (Heun 2014) an die Positionierung der Marke bzw. das Markenversprechen knüpfen
3. Möglichkeiten zur fortlaufenden Interaktion von Beginn an bedenken und einplanen

3.2.19 Sponsoring

Sponsoring ist eine der eher defensiven Formen der Markenkommunikation. Sponsoring umfasst in der Regel die finanzielle Unterstützung von Veranstaltungen, Organisationen oder Persönlichkeiten und wird häufig durch die Platzierung der Markenlogos der Sponsoren für Dritte sichtbar. Gegenüber Formen der Markenkommunikation zeichnet sich das Sponsoring durch die wenig werbliche Anmutung einer Logoabbildung aus. Eher im Gegenteil: Über die Verbreitung des Wissens um die mit den Sponsorings verbundenen finanziellen Zuwendungen wird z. T. der Eindruck erweckt, dass bestimmte Aktivitäten oder Events hierdurch erst ermöglicht werden.

Mit **Sponsoring** werden in der Regel folgende **Ziele** verbunden:

1. Sichtbarkeit von Marken trotz geringer Budgets
2. Erreichen von eher jungen und sehr speziellen Zielgruppen
3. Kontakt zu Zielgruppen in gelöster Atmosphäre und konsumfreudiger Verfassung

Das Sponsoring von Veranstaltungen, Organisationen oder Persönlichkeiten aus dem Bereich Kultur oder Sport stellt eine der klassischen und weit verbreiteten Arten des Sponsorings dar. Marken unterstützen Vereine durch Trikotsponsorings oder sie begleiten Musiker als Sponsoren auf Tourneen oder Festivals. Die Marke *Red Bull* hat sich bspw. frühzeitig gegen große Investitionen in klassische Werbung und für Sportsponsoring im Bereich von vergleichsweise „jungen" Trendsportarten entschieden. Dieses Konzept wurde so weit betrieben und professionalisiert, dass die Marke über die von ihr gesponserten Sportler eine Fülle an Branded Content produzierte, der wiederum über eigene und fremde Kanäle in Form von Videos oder Bilderstre-

◘ Abb. 3.30 Verbreitung von Bewegtbildinhalten der Marke *Adidas* über die Facebook-Seite *The Base*. (Quelle: Facebook o.J.)

cken Verbreitung findet.[12] Hierbei gehen die scheinbaren „Sponsorings" z. T. so weit, dass gesamte Events oder Projekte von einer Marke „unterstützt" (und damit auch realisiert) werden.

---

12 Siehe hierzu ► www.redbull.com.

Folgende **konzeptionell-gestalterischen Prinzipien** gilt es bei der Entwicklung von **Sponsorings** zu beachten:

1. Kultureller Fit von Sponsor und Sponsoring (Publikum = Zielgruppe, Auftreten in der Öffentlichkeit etc.).
2. Schaffung von Kontaktgelegenheiten zur Zielgruppe auch jenseits der reinen Markenabbildung (z. B. die Möglichkeit zum Test oder Kauf von Produkten).
3. Zweitverwertung der Sponsorings durch die Produktion von Content für die Markenkommunikation (z. B. über die Website der Marke).

3.2.20 Storytelling

Das sog. Storytelling stellt eine der klassischen Möglichkeiten dar, Werbeversprechen auf eine (auf den ersten Blick) weniger offensichtlich verkäuferische Art und Weise zu transportieren.

Mit Storytelling werden in der Regel folgende **Ziele** verfolgt:

1. Aufmerksamkeit für Werbung über ein Unterhaltungsangebot (eine Geschichte) schaffen
2. Transfer von komplexeren Argumentationen/Sachverhalten
3. Nicht nur Produkte verkaufen, sondern Emotionen transportieren und das Image der Marke profilieren

Geschichten von Marken lassen sich anhand ihrer Handlung (Was wird erzählt?), der Darstellung (Wie wird etwas erzählt?) und ihrer Wirkung (Wozu wird etwas erzählt?) unterscheiden (Mangold 2003). Geschichten eignen sich nach Herbst (2014) in einem besonderen Maße, weil sie „bildhaft, bewegungsnah und anschaulich" sind.

Digitale Medien bieten darüber hinaus die Möglichkeit der Integration unterschiedlicher Devices oder Plattformen (wie Soziale Netzwerke), sie sind zudem rund um die Uhr verfügbar und bieten die Möglichkeit zu Vernetzung sowie Interaktivität (Herbst 2014).

Ein klassisches Beispiel des Storytellings zeigt ◘ Abb. 3.31. Die beworbene Wodkamarke lädt, über die große Anzahl an Stempelabdrucken auf der Haut eines „Partygängers", die Betrachter ein, sich (in Gedanken) auf eine Reise in das Nachtleben zu begeben. Die Marke fungiert in diesem Falle als Impulsgeber, der die Betrachter (und potenziellen Wodkatrinker) einlädt, derartige Geschichten selbst zu erleben.

Folgende **konzeptionell-gestalterischen Prinzipien** sollten bei der Entwicklung von Formen des **Storytellings** beachtet werden:

1. Anlehnung der Dramaturgie an klassische Erzählmuster
2. Ausschöpfung aktueller technologischer Möglichkeiten, um das Interesse zu verstärken und
3. möglichst einfache Partizipation von Konsumenten zu ermöglichen

⬛ Abb. 3.31 Werbliches Storytelling einer Wodkamarke. (Foto der Litfaßsäule: Thomas Heun)

3.2.21 Testimonial- und Influencerwerbung

Die Werbung mit Testimonials (dt. = „Referenz") stellt eine kulturübergreifend häufig genutzte Werbeform dar. Die Idee hinter der Testimonialwerbung besteht in der dauerhaften Instrumentalisierung von bestimmten Personen für Marken. Neben Schauspielern, die z. B. die Rolle von „ganz normalen" Konsumenten spielen, werden häufig Prominente über einen längeren Zeitraum engagiert.

Mit Testimonialwerbung werden in der Regel folgende **Ziele** verfolgt:
1. Generierung einer überdurchschnittlichen Aufmerksamkeit
2. Sympathie- und Kompetenztransfer vom Testimonial auf die Marke
3. Erhöhung der Glaubwürdigkeit des Werbeversprechens

▣ Abb. 3.32 Abbildung eines Testimonials auf der Rückseite eines Markenprodukts. (Foto: Thomas Heun)

4. Integration der unterschiedlichen Werbemotive unter dem „Dach" einer Testimonial-Kampagne[13]

Beispiel: Testimonialwerbung der Marke *Nivea*

Mit dem Konzept der **Testimonialwerbung,** wie z. B. im Falle der Werbung der Marke *Nivea* (s. ▣ Abb. 3.32), wird immer auch die Erzielung einer vergleichsweise hohen Aufmerksamkeit verbunden. Marke und Werbemotiv profitieren entsprechend von der (hohen) Bekanntheit des Testimonials (in diesem Falle eines Popstars). In dem konkreten Fall kann zudem davon ausgegangen werden, dass hiermit die Ansprache neuer Zielgruppen intendiert war. *Nivea* kultiviert klassisch als Marke eine eher familiäre Positionierung mit einem auf Harmonie und Fürsorge basierenden Pflegeversprechen. Popstars stehen eher für einen glamourösen Lebensstil. Eine Frage bei der Suche nach dem neuen *Nivea*-Testimonial könnte wie folgt formuliert werden:

Welches Testimonial sorgt dafür, dass die Marke Nivea weltweit eine hohe Aufmerksamkeit in jungen Zielgruppen erzielt und dadurch zudem nicht mehr als „etwas langweilig" wahrgenommen wird?

---

13 Hat das Testimonial erst einmal eine gewisse Bekanntheit als „Testimonial der Marke x" erlangt, erleichtert es die schnelle Zuordnung weiterer Werbemotive als zu der Kampagne zugehörig.

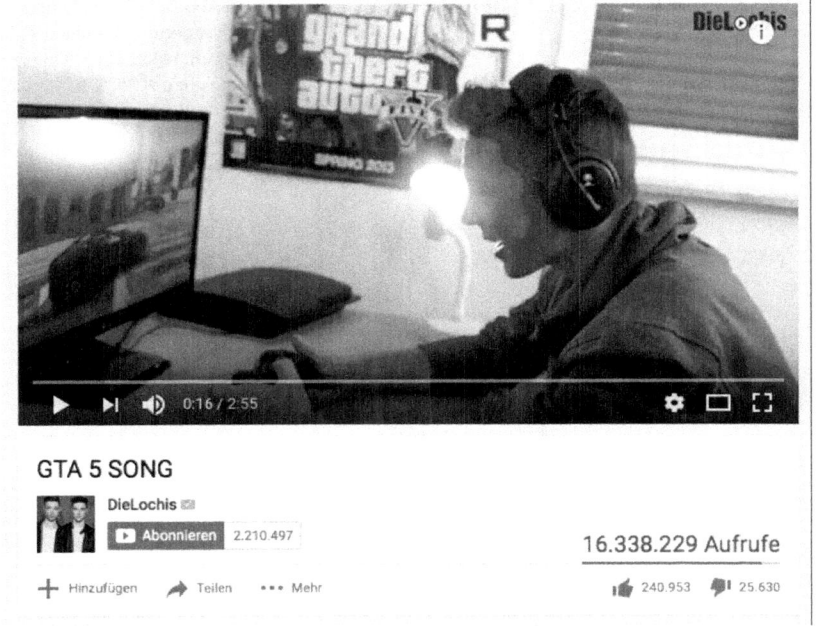

◘ Abb. 3.33 YouTube-Video von Influencern für das Konsolenspiel GTA V von *Sony*. (Quelle: YouTube 2013)

Eine der Testimonialwerbung verwandte Form der Werbung stellt die **Influencerwerbung** dar. Hierbei handelt es sich um die Kooperation zwischen Marken und Bloggern oder „YouTubern", die über ihre mediale Präsenz in digitalen Medien und sozialen Netzwerken kontinuierlich eine große Anzahl an Followern erreichen, informieren und/oder unterhalten. Marken nutzen die Popularität und Reichweite der Influencer, um spezielle oder junge Zielgruppen über digitale Medien zu erreichen. Neben der bloßen Produktpräsentation kommt es hier häufig zu projektorientierten Kooperationen, in deren Rahmen von den Influencern erwartet wird, dass sie die Marken auf eine für die Follower relevante und attraktive Art und Weise präsentieren (s. ◘ Abb. 3.33).

Eine Umfrage der Firma *crowdtap* unter 59 US-amerikanischen Influencern ergab, dass für die Influencer neben der Bezahlung die kreative Freiheit und die Einfachheit, der Spaß und das Aktivierungspotenzial („engaging") die größte Bedeutung für die Zusammenarbeit mit Marken haben (s. ◘ Abb. 3.34).

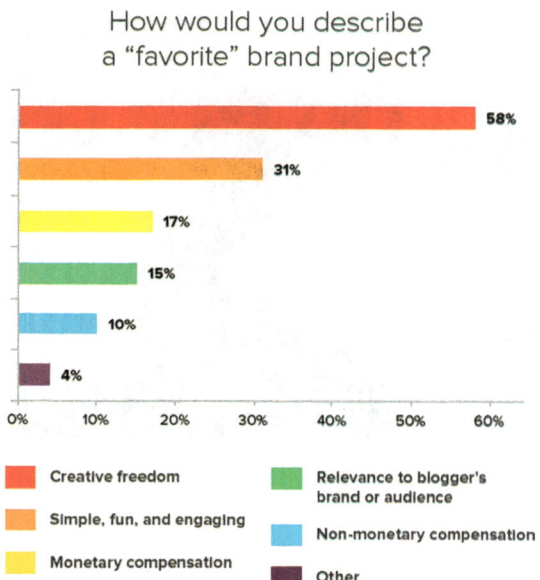

How would you describe a "favorite" brand project?

- Creative freedom
- Simple, fun, and engaging
- Monetary compensation
- Relevance to blogger's brand or audience
- Non-monetary compensation
- Other

□ **Abb. 3.34** Wann Influencer gerne mit Marken zusammenarbeiten. (Quelle: Crowdtap 2015, S. 10)

Folgende **konzeptionell-gestalterischen Prinzipien** gilt es bei der Entwicklung von Testimonialwerbung zu beachten:

1. Kompatibilität von Testimonial und Marke
2. Sicherheit, dass durch das Verhalten des Testimonials in der Öffentlichkeit der Marke mehr Vor- als Nachteile entstehen[14]
3. Ausschluss von parallelen Werbeaktivitäten für Konkurrenzmarken; darüber hinaus sollte das Testimonial für den Kampagnenzeitraum möglichst exklusiv an die Marke gebunden werden

3.3 Lern-Kontrolle

Kurz und bündig

— Die Konzeption von Werbung erfordert nicht nur Kreativität, sondern auch ein hohes Maß an Informiertheit, Freiheit und Zeit für die Arbeit in Kreativteams.

---

14 Kontraproduktiv können hierbei z. B. Skandale oder auch die Verwendung von Konkurrenzmarken in der Öffentlichkeit sein.

- Werbekonzepte sind systematische und ganzheitliche kreative Lösungen, die unabhängig von einzelnen Werbemitteln anwendbar sind.
- Nicht jedes Konzept (z. B. Werbung mit Humor) passt zu jeder Kommunikationsaufgabe, weswegen ein Abgleich der zur Verfügung stehenden Konzepte mit den Werbezielen und -strategien unerlässlich ist.
- Bei der Entwicklung von eigenen Ideen hilft die Anwendung von Fragetechniken („Wie können wir auf lustige Art und Weise vermitteln, dass *Superbrain* der gesündeste Energy-Drink auf dem Markt ist?")

❓ Let's check

1. Welche zwei fundamentalen Perspektivwechsel kennzeichnen den Ansatz von Burcher?
2. Welche generellen Erfolgsfaktoren von Werbung gilt es bei der Konzeption von Werbung zu beachten?
3. Welche drei Ziele werden mit der Entwicklung von Abverkaufswerbung verbunden?
4. Welcher Nutzen sollte bei der Gestaltung von Apps im Vordergrund stehen?
5. Was für ein Phänomen wird unter dem Konzept der „Bannerblindheit" subsummiert?
6. Wieso bietet sich insbesondere die Bewegtbildwerbung für den Transport von differenzierten Markenbotschaften an?
7. Erklären Sie, wieso sich der Begriff „Content" im Bereich der digitalen Markenkommunikation etablieren konnte.
8. Welche drei Ziele werden mit Experiential Advertising verbunden?
9. Was ist die Grundidee hinter dem Konzept der Heritagewerbung?
10. Humor in der Werbung bietet die Möglichkeit, ein vergleichsweise hohes Maß an Aufmerksamkeit zu erzielen. Worin besteht gleichzeitig die „Gefahr"?
11. Wieso wird Imagewerbung auch als „Königsdisziplin" der Werbung bezeichnet?
12. Was für ein Effekt stellt sich ein, wenn eine Marke in der Werbung (erfolgreich) mit kulturellen Schemata verbunden wird?
13. Welche drei Ziele werden mit der Entwicklung von Produktwerbung verbunden?
14. Was ist ein „Call-to-Action"?
15. Wieso wird das Radio oft auch als „Nebenbeimedium" bezeichnet?
16. Was erhoffen sich Unternehmen von prominenten Testimonials in der Werbung?

❓ Vernetzende Aufgabe

Wählen Sie aus den 21 in ► Kap. 3 vorgestellten Ansätzen den passenden Konzeptgedanken für eine Werbekampagne der Marke *Superbrain*. Nutzen Sie hierfür das im Creative Brief entwickelte Werbeversprechen als strategische Basis für Ihre Überlegungen und Ideen.

ℹ Lesen und Vertiefen

– Pricken, M. (2007). *Kribbeln im Kopf. Kreativitätstechniken & Denkstrategien für Werbung, Marketing & Medien.* Mainz: Herrmann Schmidt.
– Sorrentino, M. (2014). *Creative Advertising. An Introduction.* London: Laurence King.

Controlling der Werbung

Prof. Dr. Thomas Heun

© Springer Fachmedien Wiesbaden GmbH 2017
T. Heun, *Werbung,* Studienwissen kompakt, DOI 10.1007/978-3-658-07127-1_4

Lern-Agenda

Die Leser

- wissen, welche unterschiedlichen Wege es gibt, den Erfolg der eigenen Werbung systematisch und nachvollziehbar zu erforschen und zu kontrollieren.
- haben einen Überblick über zentrale Ansätze des Kommunikationscontrollings und der Werbewirkungsforschung.
- sie sind in der Lage, die wesentlichen Indikatoren eigener Projekte zu benennen.
- können qualitative von quantitativen Methoden der Werbeforschung unterscheiden und sind in der Lage, Pre- von Posttestverfahren abzugrenzen.
- kennen unterschiedliche Methoden der Werbeforschung und sind in der Lage, diese Methoden auf eigene Projekte anzuwenden.

Im dritten und letzten Schritt des Managementprozesses der Werbung gilt es, Klarheit über die Wirkung und den Erfolg der zuvor entwickelten Werbestrategien und Konzepte zu erlangen. Einen der zentralen Erfolgsparameter stellt hierbei das Ausmaß der **Aktivierung** der Zielgruppe dar.

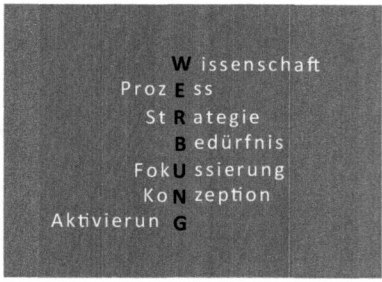

>> Auf den Punkt gebracht: Werbung hat das Ziel, Konsumenten auf unterschiedliche Art und Weise zu aktivieren.

Die Frage nach der Wirkung von Werbung ist seit dem Beginn der Professionalisierung eine der zentralen Fragen in Werbewissenschaft und -wirtschaft (▶ Abschn. 1.2). Zerfaß und Pfannenberg (2010, S. 7) verweisen zudem in diesem Zusammenhang auf den gestiegenen „Legitimationsdruck für Budgets" sowie die „Verpflichtung, das Bestmögliche für das Unternehmen zu leisten". Sie verweisen darüber hinaus auf die Komplexität der Aufgabe, gilt es doch, die Kommunikationsaktivitäten von Marken zu den Medienwirkungen und der Wertschöpfung von Unternehmen in Beziehung zu setzen (Zerfaß und Pfannenberg 2010). Neben dem Bedürfnis der prozessualen Transparenz ist es für sie zentral, dass die Akteure in der Lage sind „die betriebswirt-

▣ Abb. 4.1 Basismodell
der Werbewirkung. (Quelle:
Vakratsas und Amber 1999,
S. 26)

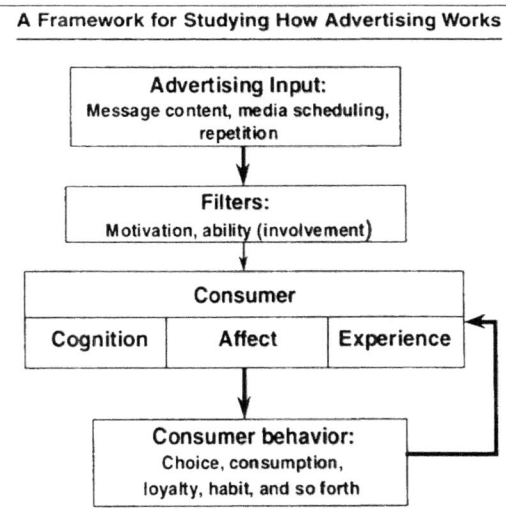

A Framework for Studying How Advertising Works

Advertising Input:
Message content, media scheduling,
repetition

Filters:
Motivation, ability (involvement)

Consumer

| Cognition | Affect | Experience |

Consumer behavior:
Choice, consumption,
loyalty, habit, and so forth

schaftliche Logik" sowie die „Besonderheiten von Kommunikationsprozessen in der Mediengesellschaft" zu verstehen (Zerfaß und Pfannenberg 2010, S. 7).

Pepels (2011, S. 273) schlägt in diesem Zusammenhang pragmatisch die Unterscheidung in Fragen nach der **Werbewirkung** und Fragen nach dem „Werbeerfolg" vor. Eine Werbemaßnahme ist demnach effektiv, wenn sie die intendierten Ziele der Werbewirkung (z. B. erhöhte Sympathie für die Marke) erfüllt. Eine Werbemaßnahme ist (ökonomisch) effizient und ein Werbeerfolg, wenn sich die intendierte Werbewirkung auch zu den kalkulierten oder geringeren Kosten (Minimalprinzip) einstellt. Während im Rahmen von Studien zur Werbewirkung die Beantwortung von Fragen nach den Effekten der Webemaßnahmen im Vordergrund steht, dienen Werbeerfolgsanalysen der Beantwortung von Fragen nach den Zweck-Mittel-Verhältnissen des Werbeeinsatzes. Werbewirkung stellt demnach eine notwendige, aber keine hinreichende Voraussetzung für den Werbeerfolg dar.

Auch wenn die Unterteilung in Werbewirkung und Werbeerfolg auf den ersten Blick theoretisch plausibel erscheint, leidet die Darstellung bei Pepels (2011) unter definitorischen Problemen. Werbewirkung ist hier immer nur ein Mittel, um die Umsätze und Gewinne von Marken über werbeinduzierte Kaufakte zu steigern. Dieser Ansatz verkennt all' die kurz- und mittelfristigen Kommunikationsherausforderungen, bei denen die Ziele Kommunikation jenseits des Konsumentenverhaltens und von Kaufakten auf den Ebenen der Kognition, der Emotion oder der Erfahrung (s. ▣ Abb. 4.1) liegen und deren Erreichen als „Werbeerfolg" gewertet werden kann.

Im Folgenden wird in Anlehnung an Zerfaß und Pfannenberg (2010, S. 7) auch hier die grundlegende Annahme vertreten, dass der Versuch des eindimensionalen Nachweises von Kommunikationserfolgen der Komplexität der Aufgabe nicht gerecht wird. Basierend auf dieser Annahme wird in ▶ Abschn. 4.1.1 der integrative Ansatz der Balanced Scorecard (BSC) kurz dargestellt. Dieser ermöglicht die ganzheitliche Betrachtung von Kommunikationswirkungen mit Bezug zu übergeordneten und spezifischen Kommunikationszielen. In ▶ Abschn. 4.2 werden unterschiedliche Möglichkeiten der Medien- und Werbewirkungsforschung dargestellt, die es ermöglichen, der BSC die entsprechenden Kennzahlen zuzuführen.

4.1 Kommunikations- und Werbecontrolling

Kommunikationscontrolling ist dem für die Kommunikationsmaßnahmen verantwortlichen Kommunikationsmanagement zuzuordnen und lässt sich zudem in strategisches und operatives Kommunikations-Controlling unterteilen.

Merke!

„**Kommunikations-Controlling** ist eine Unterstützungsfunktion, die Strategie-, Prozess-, Ergebnis- und Finanz-Transparenz für den arbeitsteiligen Prozess des Kommunikationsmanagements schafft und geeignete Methoden, Strukturen und Kennzahlen für die Planung, Umsetzung und Kontrolle der Unternehmenskommunikation bereitstellt." (Zerfaß 2010, S. 35)

Während es die Aufgabe des strategischen Kommunikations-Controllings ist, Erfolgspotenziale für das Kommunikationsmanagement zu identifizieren, steht beim operativen Kommunikationscontrolling die Bereitstellung von Methoden und Lieferung von Daten in Richtung der Kommunikationsmanager im Vordergrund (Zerfaß 2010, S. 38).

4.1.1 Balanced Scorecard und Key Performance Indicators

Das Konzept der Balanced Scorecard (BSC) basiert auf der Annahme, dass „unternehmerischer Erfolg über Ursache-Wirkungs-Ketten aus den immateriellen Ressourcen entsteht" (Kaplan und Norton 2004, S. VII). Basierend auf dieser Erkenntnis definieren Kaplan und Norton die Wertschöpfung eines Unternehmens in der von ihnen entwickelten „Strategy Map" als eine Funktion mehrerer Bereiche. Hierzu gehören, neben der direkt marketingrelevanten Kundenperspektive, auch die interne Perspektive (z. B. das interne Kundenmanagement) und die „Lern- und Entwicklungsperspektive" (z. B. Humankapital eines Unternehmens) (s. ◘ Abb. 4.2).

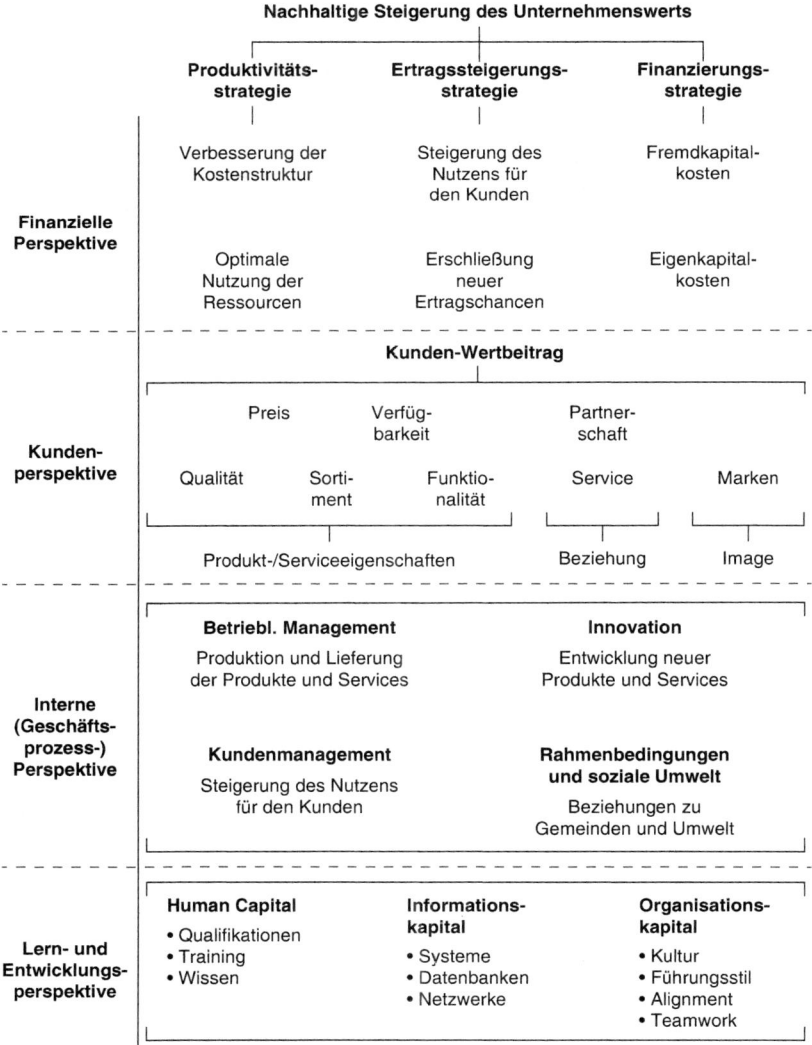

Nachhaltige Steigerung des Unternehmenswerts

	Produktivitäts-strategie	Ertragssteigerungs-strategie	Finanzierungs-strategie
Finanzielle Perspektive	Verbesserung der Kostenstruktur	Steigerung des Nutzens für den Kunden	Fremdkapital-kosten
	Optimale Nutzung der Ressourcen	Erschließung neuer Ertragschancen	Eigenkapital-kosten

Kunden-Wertbeitrag

Kunden-perspektive	Preis	Verfüg-barkeit		Partner-schaft	
	Qualität	Sorti-ment	Funktio-nalität	Service	Marken
	Produkt-/Serviceeigenschaften			Beziehung	Image

Interne (Geschäfts-prozess-) Perspektive	**Betriebl. Management**	**Innovation**
	Produktion und Lieferung der Produkte und Services	Entwicklung neuer Produkte und Services
	Kundenmanagement	**Rahmenbedingungen und soziale Umwelt**
	Steigerung des Nutzens für den Kunden	Beziehungen zu Gemeinden und Umwelt

Lern- und Entwicklungs-perspektive	**Human Capital**	**Informations-kapital**	**Organisations-kapital**
	• Qualifikationen • Training • Wissen	• Systeme • Datenbanken • Netzwerke	• Kultur • Führungsstil • Alignment • Teamwork

■ **Abb. 4.2** Strategy Map. (Quelle: Pfannenberg 2010, S. 23)

Basierend auf dem strategischen Management-Tool der Strategy Map stellt die BSC ein Instrument des Kommunikationscontrollings dar, welches es nach Pfannenberg (2010) ermöglicht, ein „Verantwortungsgeflecht" in einem Unternehmen zu schaffen. Über die Definition von Zielwerten und die Messung des Zielerreichungsgrads anhand von Kennzahlen (Key Performance Indicators, KPI) ermöglicht die BSC ein erhöhtes Maß an Transparenz und Steuerung von Kommunikationsmaßnahmen (s. ❏ Abb. 4.3). Die ursprünglich von Kaplan und Norton (1997) konzipierte Scorecard umfasste vier Bereiche,[1] die zwecks Steigerung des Unternehmenswerts gleichermaßen betrachtet und in einem ausgewogenen Verhältnis gesteuert werden sollten.

4.1.2 Beispielhafte Key Performance Indicators am Beispiel Digital Media und Social Media

Reichweite in den digitalen Medien ist „relativ einfach planbar und auch erreichbar", hat aber nur eine geringe Aussagekraft bzgl. der Wahrnehmung, Relevanz und Wirkung von Werbung (Holzapfel et al. 2016, S. 88). Grundlegend wird hier zwischen **Ad Impressions** (Gesamtheit aller Werbemittelkontakte) und **Unique Impressions** (Netto-Reichweite der Werbemittel auf Basis von IP-Adressen) unterschieden. Die Anzahl der Kontakte pro IP-Adresse lässt sich via Frequency Capping limitieren. Eine gängige Form der Ausspielung von Paid Advertising über digitale Medien stellt das **Affiliate-Marketing** dar. Hierbei werden bspw. Online-Banner über Affiliate-Netzwerke (Webangebote Dritter) ausgespielt. In diesem Zusammenhang lassen sich unterschiedliche KPIs und Abrechnungsmodelle definieren, wie z. B.:

- Ad-Clicks (Anzahl Klicks auf die Werbemaßnahmen)
- Cost per Click (Bezahlung der Werbemaßnahme in Abhängigkeit der Klickhäufigkeit)
- Click-Through-Rate („Tiefe" der Auseinandersetzung mit einem Angebot)
- Pay per Lead bzw. Pay per Sign-up (Bezahlung in Abhängigkeit der Anzahl neuer Konsumentenadressen)
- Cost per Order/Pay per Sale (Bezahlung in Abhängigkeit generierter Verkäufe auf der Basis der Werbemaßnahmen)

Grundlegend können weiterführende Daten zur Bewertung von Werbewirkungen im Netz aus Konversationen über Foren, Blogs oder auch soziale Netzwerke generiert werden. Methoden wie die Inhaltsanalyse, das Text Mining oder die Web-Diskurs-Analyse (Heun 2012) erlauben nicht nur die Installation von „Frühwarnsystemen" zur Markenpflege, sondern sie ermöglichen auch die Generierung von Insights zum Erfolg der eigenen Werbung. Hierbei spielen insbesondere soziale Medien eine wichtige Rolle,

---

1   Analog der Strategy Map: Finanzen, Kunden, Prozesse und Mitarbeiter.

ermöglichen sie doch die Bewertung von Aussagen vor dem Hintergrund einer Vielzahl von Beiträgen unterschiedlicher User, was das Risiko der hohen Gewichtung (von Unternehmen) „gesponserter" Postings reduziert.

Als weitere Controllinginstrumente können auch Suchen über *Google* fungieren, um Insights bzgl. häufiger Suchanfragen (Interessen) zu generieren und die Relevanz eigener Maßnahmen jenseits des Einsatzes kostspieliger Marktforschungsmethoden zu überprüfen. So ermöglicht bspw. der *Google-Keyword-Planner* die Darstellung der Anzahl monatlicher Suchanfragen pro definiertem Schlagwort. Darüber hinaus werden zu diesen Schlagworten häufige Suchbegriffe aufgelistet, die User in dieser Umgebung suchen.

Tools wie *Google Analytics* erlauben die Durchführung einer Besucheranalyse je Website. Hiermit lassen sich Daten zu der Anzahl der Sitebesucher, den Seitenaufrufen und der Reihenfolge der Seitenaufrufe generieren. Für die Grundgesamtheit der *Google*-Account-Inhaber (z. B. Gmail-Kunden) lassen sich zudem u. a. soziodemografische Daten (in aggregierter Form) ausweisen.

Social Networks bieten zudem anhand der Anzahl an Verbindungen zu Konsumenten (Follower, Friends etc.) und deren Reaktionen auf Postings von Marken direkten Zugang zu Formen der Werbewirkung. Darüber hinaus stellen Networks wie *Facebook* den Betreibern von *Facebook*-Seiten Nutzungsstatistiken zur Verfügung, die nicht nur über die Anzahl der Nutzer und die Nutzungszeiten im Tagesverlauf Aufschluss geben, sondern die auch Informationen über soziodemografische Daten (wie Alter, Geschlecht, Wohnort) und Nutzerinteressen enthalten. Darüber hinaus lassen sich Informationen zu dem Ausmaß des Engagements der Nutzer oder zu der Reichweite einzelner Seitenbeiträge generieren. Hierüber lassen sich bspw. die Reichweiten von Nutzern oder Botschaften errechnen oder auch Daten zu Nutzerreaktionen auf bestimmte Arten von Beiträgen generieren. In diesem Zuge können quantitative Daten zur Sichtbarkeit und zum Ausmaß der Interaktion von Nutzern mit Kampagnen erhoben werden.

Da über diese Daten oft nicht klar wird, was im Detail wie auf die User gewirkt hat, sollten die quantitativen Daten um qualitative Daten ergänzt werden. Diese Daten lassen sich bspw. aus Kommentaren, Chats oder Foren generieren und erfordern die Anwendung inhaltsanalytischer Methoden. Das Aufspüren von allgemeinen Trends im Social Web unterstützen sog. Trending Topics. Zudem lässt sich über aggregierte Nutzungsdaten von Suchmaschinen oder Nachrichtenseiten die Popularität von Themen im Internet dokumentieren. Tools zur Erstellung von **Social Media Monitorings** ermöglichen darüber hinaus den Zugang zu markenrelevanten Netzwerk-Daten, die jenseits der eigenen Markenseiten entstanden sind.

Beispiel: KPIs der Marke *Superbrain*

Gegen die Definition standardisierter KPIs spricht das hohe Maß an Heterogenität von Kommunikationsaufgaben. Für die Einführung der Energy-Drink-Marke *Superbrain* wurde das

⬛ **Tab. 4.1**   KPI der Einführungskampagne der Marke *Superbrain*

Teilnehmer an der Veranstaltung	Fanzahlen
Reichweite	Zunahme Fanzahlen in %
Sichtkontakte	Anzahl Nennungen in Konversationen
Zunahme Facebook-Freunde im Eventverlauf in %	Engagement
Anzahl Medienberichte	Reichweite von Postings

(geringe) Budget auf Event-Sponsorings und Social Media verteilt. Ziel war es hierbei, ein hohes Maß an Aufmerksamkeit für die neue Marke und die Produkte zu generieren. Darüber hinaus sollte die Zielgruppe animiert werden, sich mit der Marke in den Social Networks auseinanderzusetzen und diese zu „liken" und weiterzuverbreiten. ⬛ Tab. 4.1 zeigt eine Auswahl an KPIs, die im Rahmen einer Einführungskampagne des neuen Energy-Drinks *Superbrain* über Events und Social Media definiert wurden.

Über wenige, aber zentrale Indikatoren sollte der „Impact" von Werbemaßnahmen abgebildet und – in Form von sog. Monitorings – über einen längeren Zeitraum beobachtet werden (s. ⬛ Tab. 4.2).

Auch Schüller (2015) betont die Bedeutung von Social Media in Zeiten digitaler Medien und empfiehlt zudem die Fokussierung auf ein „Empfehlungsmarketing" und die Formulierung von Erfolgsparametern analog der **Customer Journey.** Hierbei gilt es zudem, weniger die Gesamtheit aller Kunden zu beobachten oder zu befragen, sondern Erkenntnisse zu der Optimierung von Marken-Menschen-Kontaktpunkten über Äußerungen unterschiedlicher Kundentypen zu generieren.[2] Zwecks Optimierung der Customer Journey sollten diese Daten idealerweise über den gesamten Verlauf der „Reise" von (potenziellen) Kunden erhoben werden. Zentral sind für sie – neben Informationen zu besonders guten und schlechten Markenerlebnissen – Aussagen über die Wiederkaufabsicht und die Empfehlungsbereitschaft von Kunden. Als „ultimative Kennzahl" bezeichnet sie die „Empfehlungsrate". Hierbei handelt es sich um Werte, die Ausdruck über die Bereitschaft von Kunden geben, die Marken und Produkte des entsprechenden Unternehmens weiterzuempfehlen (s. ▶ Abschn. 2.10). Zur Erstellung der Empfehlungsrate empfiehlt sie die Beantwortung folgender Fragen (Schüler 2015, S. 229):

━ Wie viele Kunden empfehlen uns weiter? Und warum genau?
━ Welche Produkte und Services werden am stärksten empfohlen?

---

2   Hierbei unterscheidet Schüller (2015, S. 189) grundlegend in „Saboteure, illoyale Kunden, bedingt loyale Kunden, total loyale Kunden, Fan-Kunden/Multiplikatoren/Empfehler".

◼ Tab. 4.2 Monitoring der Social Media KPI

	Januar	Februar	März
Anzahl Fans	28.456	33.126	34.798
Anzahl Likes	2198	5886	4657
Post-Interaktion	2,1 %	2,8 %	2,3 %
Engagement	1,2 %	1,4 %	1,1 %

— Wer genau hat uns empfohlen? Und wie bedanken wir uns dafür?
— Wer spricht die meisten/die wirkungsvollsten Empfehlungen aus?
— Wie ist der Empfehlungsprozess im Einzelnen abgelaufen?
— Gibt es dabei erkennbare und somit wiederholbare Muster?
— Wie viele Kunden haben infolge einer Empfehlung erstmals gekauft?[3]

4.2 Werbewirkung

Nachdem sich die anfängliche Suche nach einem generellen Erklärungsansatz der
Werbewirkung als zu ambitioniert erwies (Broadbent 1992), kam es im Laufe des
20. Jahrhunderts zu einer Ausdifferenzierung immer speziellerer Vorstellungen bzgl.
der Wirkungsweisen von Werbung. Im Zuge dieser Entwicklung trat die Frage „Wie
können wir die Wirkung von Werbung generell erklären?" zugunsten folgender Fragen
(Auswahl) in den Hintergrund:
— Wirkt die Werbung?
— Wie wirkt Werbung?
— Wie wirkt das Werbemittel?
— Wie wirken die unterschiedlichen Werbeträger?
— Bei wem wirkt die Werbung?
— Wie stark oder wie lange wirkt die Werbung?
— Wie kann die Wirkung optimiert werden?

Neben der klassischen Differenzierung in sender- und empfängerorientierte Modelle
der Werbewirkung werden in den folgenden Abschnitten auch neuere kulturpsycholo-
gische und neurowissenschaftliche Ansätze in ihren Grundzügen kurz dargestellt und
durch die entsprechenden Methoden der Werbeforschung ergänzt.

---

3 Konkrete methodische Hinweise bleibt die Autorin leider schuldig. Die Fragen sollen u. a. mittels schriftlicher Interviews beantwortet werden.

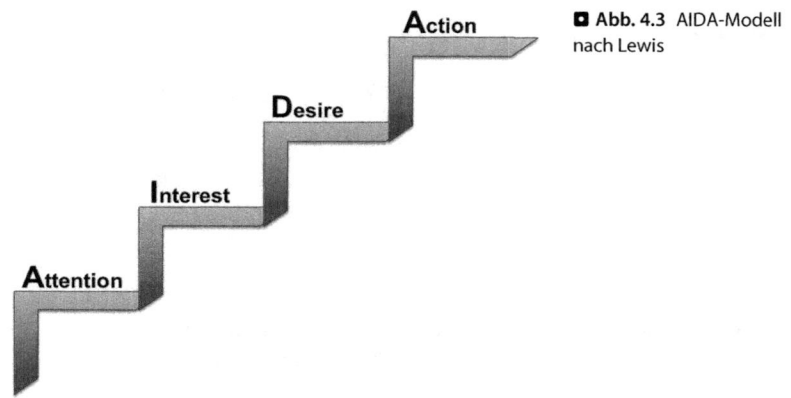

◘ Abb. 4.3 AIDA-Modell nach Lewis

4.2.1 Senderorientierte Wirkungsmodelle

Als Teilbereich der Medienwirkungsforschung differenziert sich zu Beginn des 20. Jahrhunderts die Werbewirkungsforschung mehr und mehr als eigene Disziplin aus. Zu Beginn der wissenschaftlichen Auseinandersetzung mit Phänomenen der Werbewirkung dominieren behavioristische Positionen und entsprechend linear-kausale Annahmen von medialen Wirkungsverläufen. Empfänger von Werbung werden hier als mehr oder weniger passiver „Spielball" von Medien- und Werbekommunikation verstanden.

Diese Positionen werden durch die Annahme von der zunehmenden Isolation des Einzelnen in der Massengesellschaft zu Beginn des 20. Jahrhunderts und dem damit einhergehenden stärkeren Einfluss der Medien auf den isolierten Rezipienten zusätzlich gestützt (vgl. Wilkens 1994).

❯ Auf den Punkt gebracht: Stark an den Sendern von Werbung orientierte Modelle der Werbewirkung entsprechen der Dominanz der Unternehmens- gegenüber der Konsumentenperspektive zu Beginn des 20. Jahrhunderts.

Der Einfluss dieser „Theorie der starken Medienwirkung" (Brosius 1997, S. 13) zeigt sich nach Prognos und Bild (1999, S. 10) daran, dass Analogien, wie die der „Magic Bullet", akzeptiert und auf den Bereich der Werbewirkungsforschung übertragen wurden:

„Der homogenen Masse der Werbekonsumenten wird mit der Durchdringungskraft […] einer Pistolenkugel der Stimulus einer Werbemaßnahme ohne Widerstand übermittelt und löst dort Reaktionen aus." Das sog. „Stimulus-Response-Modell" ist das bekannteste linear-mechanistische Modell der Wirkung von Kommunikation eines Senders auf einen Empfänger. Durch die zunehmende Beschäftigung mit den Details

◨ Abb. 4.4 Passanten beim aufmerksamen Betrachten von Plakaten auf einer Litfaßsäule.
(Quelle: Imago; © Karl-Heinz Stana/Imago)

der Wirkungsprozesse gewannen die der Werbung ausgesetzten „Organismen" auch
für die Werbeforschung an Bedeutung (s. ◨ Abb. 4.5).

Eines der frühesten Modelle zu derart mechanistischen Vorstellungen von Werbewirkungsprozessen stellt das sog. „AIDA-Modell" von Lewis dar (s. ◨ Abb. 4.3).

Das AIDA-Modell basiert auf vier zentralen Annahmen:

1. Werbewirkung lässt sich mit einer Globalformel erklären
2. Erfolgreiche Werbewirkungsprozesse durchlaufen die Stufen Aufmerksamkeit → Interesse → Verlangen → Handlung bzw. Kaufakt
3. Diese Stufen bauen aufeinander auf
4. Werbewirkung setzt bewusste Wahrnehmung bzw. Aufmerksamkeit voraus
   (s. ◨ Abb. 4.4)

Das AIDA-Modell gilt heutzutage in seinem absoluten Anspruch als widerlegt. Um
Wirkungen hervorzurufen, müssen Werbewirkungsprozesse nicht immer linear die
vier AIDA-Stufen durchlaufen. Jenseits dessen stellt dieses Modell nicht nur einen
frühen Versuch der theoretischen Generalisierung von Werbewirkungsprozessen
dar, sondern auch die Basis für eine Vielzahl von weiteren Modellannahmen zu
Werbewirkungsprozessen. Darüber hinaus erfreut es sich bei Praktikern (und Do-

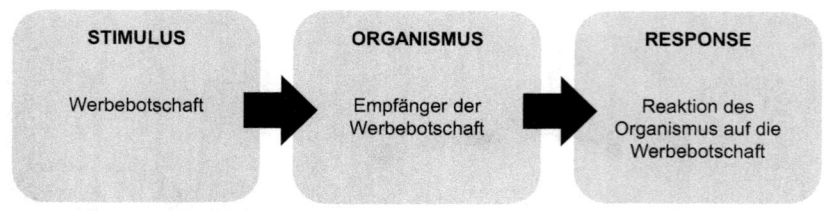

Abb. 4.5 Grundlegendes Kommunikationsmodell der Werbung („SOR"). (Quelle: Rosenstiel und Kirsch 1996, S. 49)

zenten) nach wie vor großer Beliebtheit, da sich anhand dieses Modells nach wie vor idealtypische Prozesse der Wirkung von Werbung (recht simpel) verdeutlichen lassen.

In den 1940er und 50er-Jahren erfährt die Werbewirkungsforschung durch Erkenntnisse aus dem Bereich der Lerntheorie eine entscheidende Erweiterung. Während die behavioristischen S-R-Modelle die Wirkungsprozesse zwischen Stimulus und Response als eine Art „Black Box" weitestgehend ausgeblendet haben, führen die lerntheoretischen Erkenntnisse zu einer wissenschaftlichen Auseinandersetzung mit dem Einfluss psychischer Dispositionen, die zu einer Überführung der Stimulus-Response-Modelle in Stimulus-Organism-Response-Modelle (s. ◘ Abb. 4.5) führt.

Zusätzlich zu der Werbewirkungsdimension der **Aufmerksamkeit** trat damit die Verarbeitung als weitere Wirkungsdimension in den Fokus des Erkenntnisinteresses und fand Eingang in die entsprechenden Modelle der Werbewirkung. Für den Prozess der Werbewirkung bedeutete dies: Mehr und mehr wurde vom Wirkungsverlauf in Form einer mechanisch-automatischen „Kettenreaktion" Abstand genommen. Nach der Aufmerksamkeitsleistung, die immer noch als zwingende Grundannahme für Werbewirkung gesetzt war, traten nun die individuelle Verarbeitungsleistung und kognitive Prozesse der Rezipienten in den Vordergrund. Erfolgreiche Werbeimpulse wurden nun als Auslöser von individuellen Lernprozessen verstanden, die in der Lage waren, Einstellungs- und Verhaltensänderungen auszulösen.

Eine grundlegende Unterscheidung der Verarbeitungsleistung wurde im Rahmen dieser Theorie zwischen kognitiven, emotionalen und konativen Wirkungen von Werbung erstmalig eingeführt.

Theorie der kognitiven Dissonanz

1957 publizierte Leon Festinger die „Theorie der kognitiven Dissonanz", in deren Rahmen er dem Individuum ein Streben nach Harmonie und seelischem Gleichgewicht unterstellt. Dieses sozialpsychologische Modell wurde auch durch die Werbeforscher dieser Zeit aufgenommen. Die Unterstellung eines derartigen Harmoniestrebens führt demnach zu einem selektiven menschlichen Informations- und Wahrnehmungsverhalten, welches darauf aus ist, Zustände des seelischen Ungleichgewichts zu vermeiden bzw. zu überwinden (vgl. Festinger 1957).

Parallel zur Theorie der kognitiven Dissonanz wurden im Bereich der empirischen Einstellungsforschung durch Carl Hovland Erkenntnisse generiert, die einen Beitrag zu einem ganzheitlicheren Verständnis der Wirkung von Werbung lieferten. Zusätzlich zu den klassischen linearen Modellen legten die Erkenntnisse dieser Forscher den Schluss nahe, dass bei einer ganzheitlicheren Analyse von Kommunikationsprozessen Medienwirkungen als eine abhängige Variable der Faktoren Sender, Medium **und** Rezipient angesehen werden können. Eine ähnliche Anregung zur ganzheitlich-sensorischen Analyse der Wirkung von werblicher Massenkommunikation basiert auf Erkenntnissen der Ganzheitspsychologie. Nach deren Annahme ist menschliche Wahrnehmung als eine physische Ganzheit („Gestalt") aus dem Reiz und den dadurch hervorgerufenen Gefühlen anzusehen (Schweiger und Schrattenecker 1995, S. 268 ff.). So hat bspw. in den Annahmen der auf der Gestaltpsychologie Wilhelm Salbers basierenden morphologischen Markt- und Werbepsychologie die Gestalt eines Produkts einen starken Einfluss auf Wahrnehmung und Reaktionen von Zielgruppen.[4]

Flankierend zu diesen Entwicklungen wuchsen die Zweifel an einer starken Medienwirkung im Sinne simpler Beeinflussungsmodelle (Stimulus → Response). Auf Basis der „Verstärkerhypothese" setzte sich zunehmend die Erkenntnis durch, dass Medien wie eine Art „Verstärker" auf vorhandene Einstellungen der Mediennutzer wirken. Die damit verbundene Vorstellung eines selbstbestimmten Konsumententypus führte dazu, dass Werbung und Medien, wenn überhaupt, eine langfristige Wirkung zugestanden wurde. Auch wenn kurzfristige Effekte der Werbewirkung heute durch zahlreiche Studien nachgewiesen sind (Broadbent 1992), haben diese grundlegenden theoretischen Überlegungen zu einer Erweiterung der theoretischen Annahmen der Werbewirkungsmodelle geführt. In einem der bekanntesten Stufenmodelle, dem „Hierachy of Effects"-Modell von Lavidge und Steiner (1961), finden sich derartige Erkenntnisse in Form der Gliederung anhand der Wirkungsstufen Aufmerksamkeit, Wissen, Sympathie, Präferenz, Überzeugung und Kauf (s. ◘ Abb. 4.6).

Entscheidend für ein Verständnis der Werbewirkung in Zeiten zunehmender Werbeimpulse waren die Grundannahmen der **Inferenztheorie,** nach der ein Zugriff auf gespeicherte Informationen durch die Aufnahme weiterer Informationen behindert werden kann, insbesondere wenn diese Informationen eine Ähnlichkeit zu den gespei-

---

4   Nach Dammer und Szymkowiak (2008, S. 60 ff.) ist der „Kontext wichtiger als der Text", was sie u. a. an der Wirkung der „Produktwirkungseinheit" Bier exemplifizieren. Am Beispiel des Ablaufs von Gruppendiskussionen in der Marktforschung verdeutlichen sie, dass die Gestalt des Gegenstands Bier der Diskussion, im Gegensatz zu Gruppendiskussionen zum Thema Flugreisen, einen deutlich gelösteren Charakter verleiht. Die Ursache hierfür sehen sie in dem besonderen Charakter des Produkts, dessen Verwendung für viele mit Feierabend und Feiern etc. verbunden wird (während Flugreisen auch für Ängste oder beruflichen Stress stehen).

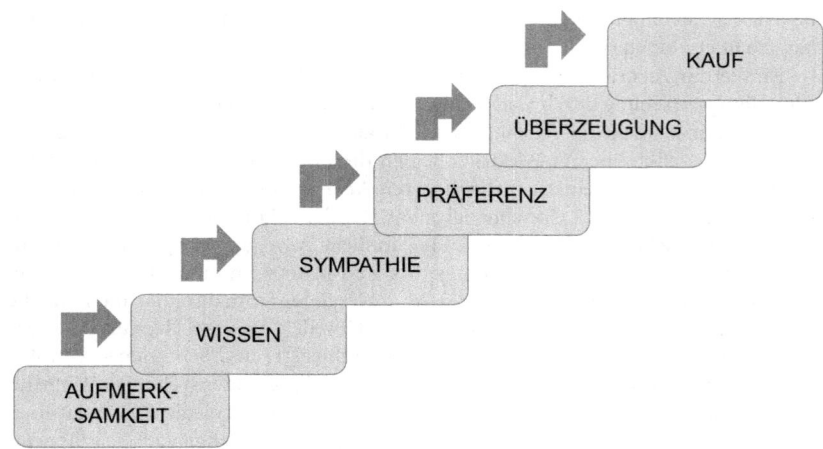

◘ Abb. 4.6 „Hierarchy of Effects"-Modell. (Quelle: In Anlehnung an das Modell von Lavidge und Steiner 1961)

cherten aufweisen (Felser 1997, S. 117). Als empirischer Beleg dieser Theorie gilt der sog. **Primary-Recency-Effect** (s. ◘ Abb. 4.7), nach dem frühe und späte Werbeimpulse, z. B. in einem Werbeblock im Fernsehen, besser erinnert werden als Impulse, die eine Mittelposition einnehmen (Mayer 1993, S. 93).

4.2.2   **Empfängerorientierte Modelle**

Nachdem ein Großteil der bis in die 60er-Jahre des 20. Jahrhunderts entstandenen Werbewirkungsmodelle auf einer klaren Senderorientierung basierte, kam es im Laufe der 60er-Jahre zu einem Perspektivwechsel, in Folge dessen sich die Rolle der Konsumenten in der Vorstellung von Marketingwissenschaftlern und -praktikern von passiven Rezipienten zu einem „aktiven Publikum" (Burkart 1995, S. 213; vgl. auch Heun 2014) wandelte.

> **❯** Auf den Punkt gebracht: Die gesellschaftlichen Differenzierungsprozesse im
> Laufe des 20. Jahrhunderts führten in der Werbewissenschaft zu einer stärkeren
> Konsumentenorientierung. Hieraus resultierten Modelle der Werbetheorie, in
> denen die Perspektive der Werbeempfänger an Bedeutung gewann.

Mit dem Nutzen- oder **Uses-and-Gratifications-Ansatz** wurde eine grundlegende Weichenstellung zu einer Konsumentenorientierung in der Kommunikationsforschung betrieben. Die entscheidende Neuerung dieses Ansatzes war, dass hier nicht mehr von

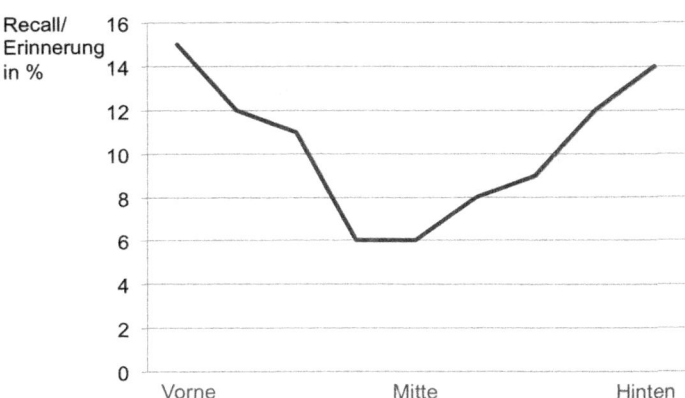

Abb. 4.7 Primary-Recency-Effekt. (Quelle: In Anlehnung an das Modell von Mayer 1993)

einer passiven Masse der Rezipienten ausgegangen wurde, sondern dass Medienrezeption zunehmend als Mittel zum Zweck der selbstbestimmten Bedürfnisbefriedigung von Konsumenten verstanden wurde.

Im Rahmen dieser „Entdeckung des Verbrauchers" (Vershofen 1940) wurden die Modelle der Werbewirkung um zusätzliche Variablen erweitert. Als eine der wesentlichen theoretischen Erweiterungen dieser Zeit gilt das Konzept des **Involvements** von Herbert E. Krugman (1966), mit dem erstmalig der Versuch unternommen wurde, Werbewirkung als eine Funktion des Ausmaßes der individuellen Zuwendung darzustellen.

Merke!

„Unter **Involvement** versteht man die innere Beteiligung, das Engagement, mit dem sich die Konsumenten der Kommunikation zuwenden." (Kroeber-Riel 1992, S. 89; Hervorhebung des Verfassers)

In Modellen, denen die Involvement-Theorie zu Grunde liegt, ist ein hoher Grad des Involvements Voraussetzung für eine aktive Auseinandersetzung mit der jeweiligen Werbebotschaft.

▶ **Auf den Punkt gebracht:** „Viele Anbieter überschätzen das Involvement der Umworbenen, das fast immer gering ist." (Kroeber-Riel 1993, S. 225)

Der Grad des Involvements oder auch das Ausmaß „innerer Beteiligung" (Felser 2001, S. 56) hat einen Einfluss auf die Art der Informationsaufnahme und -verarbeitung (Krugman, 1966; vgl. auch Kroeber-Riel 1992). Das Involvement hängt von unterschiedlichen Faktoren ab, deren Ausprägungen die Wirkung von Werbung entscheidend beeinflussen können.

■ Arten des Involvements

1. **Produktinvolvement: Zuwendung zur Produktkategorie**
   Je nach Warengruppe bzw. Produktkategorie schwankt die Bereitschaft, sich mit Produkten (und den entsprechenden werblichen Aktivitäten) auseinanderzusetzen. Während der Zielgruppe „Männer zwischen 18 und 39 Jahren" ein eher starkes Involvement gegenüber Automobilen nachgesagt wird, werden notwendige Produkte des täglichen Bedarfs, wie z. B. Taschentücher, eher als „Low-Involvement-Produkte" bezeichnet. Man benötigt sie zur Befriedigung von Bedürfnissen, das Interesse an diesen Produkten und ihren besonderen Qualitäten ist aber in der Regel gering. Als Kennzeichen eines hohen Involvements gelten nach Kuß und Tomczak (2007) bspw. die aktive Suche nach Informationen (zu Produkten) oder der Vergleich von mehreren Produktalternativen vor dem Kaufakt (s. ❏ Tab. 4.3).

2. **Situationsinvolvement: Zuwendung zu Werbung je nach Situation**
   In der Regel beschränkt sich das Involvement von Konsumenten auf bestimmte Zeiträume. Die individuelle Relevanz eines Produkts kann wie beschrieben dazu führen, dass Aufmerksamkeit und Interesse in Situationen des Werbekontakts „automatisch" höher sind als bei Kontakten zu Werbemitteln von Low-Involvement-Produkten. Darüber hinaus hängt Situationsinvolvement aber auch von anderen Faktoren ab, wie z. B. von der jeweiligen Verfassung der Konsumenten. Faktoren wie Müdigkeit oder die Ablenkung durch Umwelteinflüsse haben einen Einfluss auf das Involvement. Darüber hinaus kann das Involvement in Situationen mit konkreten Kaufabsichten auch bei Low-Involvement-Produkten höher sein.[5]

3. **Medieninvolvement: Zuwendung zu Werbung in Abhängigkeit der genutzten Mediengattung**
   Das Medieninvolvement stellt eine spezifische Involvementform dar. Hierbei wird systematischen Unterschieden bei der Zuwendung zu Medien in Situationen des Medienkonsums Rechnung getragen. So wird bspw. die typische Radiohörsituation oft als ein wenig involviertes „Nebenbeihören" charakterisiert. Ursache hierfür ist die besondere Art der durchschnittlichen Mediennutzung, die im Falle des Radiohörens häufig durch parallele Aktivitäten wie Autofahren oder Frühstücken gekennzeichnet ist. Demgegenüber stehen z. B. Medien wie das Internet, Zeitschriften oder Magazine, die oft sehr konzentriert (und damit hochinvolviert) genutzt werden.

---

5   Auch wenn sich Konsumenten an einem „normalen Tag" wenig für Taschentücher interessieren, können sie kurz vor dem Kaufakt am Supermarktregal doch ein hohes Interesse für die Inhaltsstoffe des Produkts zeigen.

◘ **Tab. 4.3** Kennzeichen von hohem oder geringem Produktinvolvement.
(Quelle: in Anlehnung an Kuß und Tomczak 2007)

High-Involvement-Produkte	Low-Involvement-Produkte
Aktive Informationssuche	Passive Informationsaufnahme
Aktive Auseinandersetzung	Geringe Auseinandersetzung
Geringe Persuasion	Geringe Verarbeitungstiefe
Vergleich bzw. Bewertung vor Kauf	Wenn überhaupt Bewertung nach Kauf
Viele Merkmale beachten	Wenige Merkmale beachten
Wenige akzeptable Alternativen	Viele akzeptable Alternativen
Viel sozialer Einfluss	Wenig sozialer Einfluss
Ziel „Optimierung" der Kaufentscheidung	Geringer Aufwand als Ziel
Markentreue durch Überzeugung	Markentreue durch Gewohnheit
Stark verankerte Einstellung	Gering verankerte Einstellung
Hohe Gedächtnisleistung	Geringe Gedächtnisleistung

4. **Werbemittelinvolvement: Zuwendung zu Werbemitteln**
Werbung kann auch Konsumenten involvieren, selbst wenn sie sich nicht für das Produkt interessieren **und** sie in der Situation gering involviert sind. Ein Beispiel: Da auch Werbetreibende um das geringe Medieninvolvement des Mediums Radio wissen, versuchen sie häufig, durch besondere akustische Reize (Klingeln, Bellen, Schreien etc.) Hörer zu involvieren. In diesem Fall spricht Kroeber-Riel (1993, S. 222) von einem durch das Werbemittel hervorgerufenen Involvement.

▪ **Elaboration-Likelihood-Modell**
Eines der frühen Modelle, in dem die Orientierung am Erleben von Konsumenten und dem Involvementkonzept im Vordergrund stand, ist das **Elaboration-Likelihood-Modell** von Petty und Cacioppo (1983). Nach diesem Modell wird Werbung beim Kontakt mit bereits vorhandenem Wissen verarbeitet, und die Inhalte werden miteinander verknüpft. Petty und Cacioppo unterscheiden dabei zwischen

1. **dem zentralen Weg** der Beeinflussung von Rezipienten mit hohem Involvement, bei dem von einer hohen kognitiven Verarbeitungswahrscheinlichkeit der Werbestimuli auszugehen ist, und

2. dem **periphären Weg** der Beeinflussung, der bei Rezipienten unter Low-Involvement-Bedingungen wahrscheinlicher ist. Dieser führt nach Petty und Cacioppo zu eher emotionalen Reaktionen und kann auch in Einstellungsänderungen münden.

Im Rahmen dieses Modells verlassen Petty und Cacioppo (1983) den Weg der ganzheitlichen Erklärungsversuche der Werbewirkungsmodelle und setzen das Erreichen der Werbeziele in Relation zum Grad des Involvements in der jeweiligen Kommunikationssituation. Während bisher in den Modellansätzen von einer stark gerichteten Aufmerksamkeit der Rezipienten und damit von einer großen Bedeutung kognitiver Verarbeitungsprozesse ausgegangen wurde, steht ihr Ansatz für den Beginn einer differenzierteren Betrachtung der Rezeptionssituationen und die Annahme, dass die Bedeutung von situationsgebundenen Reizen („cues"), wie Gestaltung und Aufmachung oder die Glaubwürdigkeit des Senders, in Low-Involvement-Situationen für die Werbewirkung von entscheidender Bedeutung sein können (vgl. Koschnick 1996, S. 267).

4.2.3   Neuropsychologische Annahmen

Ein hohes Maß an Aufmerksamkeit generierten zu Beginn des 21. Jahrhunderts Werbeforscher und Marketingberater, die Technologien zur Erforschung menschlicher Gehirnaktivitäten im Kontext von Prozessen der Werbewirkung nutzten.[6] Unter dem Oberbegriff „Neuromarketing" versammelten sich Forscher und Praktiker mit dem Ziel, ein Verständnis zu generieren, „wie Kauf- und Wahlentscheidungen im menschlichen Gehirn ablaufen, vor allem aber, wie man sie beeinflussen kann" (Häusel 2014, S. 14). Hierbei werden bildgebende Verfahren, die auch im Bereich der Neurowissenschaften eine Art „Forschungsboom" (Hasler 2015) auslösten, wie z. B. das der „funktionalen Magnet-Resonanz-Tomografie" (fMRT) genutzt, um die Aktivität des menschlichen Gehirns in Form von Mappings genauer abbilden und verstehen zu können. In der Regel werden die Probanden hierzu in bzw. unter einem „Hirnscanner" platziert. In dieser Position müssen sie – wie beim Verfahren der Röntgenaufnahme – in einer Ruheposition verharren, während sie mit Stimulusmaterial (z. B. Bilder von Produkten) konfrontiert werden. Mithilfe radioaktiver Markierungssubstanzen können Stoffwechselprozesse sichtbar gemacht werden, die Aufschluss über das Ausmaß der Aktivität bestimmter Hirnareale erlauben.[7]

---

6   Diese Entwicklung entspricht dem stark gewachsenen Zuspruch, den die Disziplin der Neurowissenschaft seit den 1990er-Jahren zu verzeichnen hat. Die Society for Neuroscience hat seit den 1970er-Jahren einen Mitgliederzuwachs um den Faktor 40 zu verzeichnen (Hasler 2015, S. 16).

7   Das Verfahren des fMRT basiert auf der Annahme, dass Hirnaktivität mit erhöhter Durchblutung bzw. mehr Sauerstoffverbrauch einhergeht. Diese Abweichung von dem „Grundrauschen" der kontinuierlichen Hirnfunktionen wird oft als „Beweis" für besondere, durch die Stimuli hervorgerufene Effekte angesehen. Neben den Unschärfen experimenteller Designs und statistischer Varianz zwischen den Hirnaktivitäten einzelner Probanden besteht nach Hasler (2015, S. 50) die größte Herausforderung in der Interpretation der Bilder. Die Aktivierung des anterioren cingulären Cortex ließ sich nicht nur „bei frisch verliebten und amerikanischen Wechselwählern" identifizieren, sondern auch in Experimenten, wenn „Esssüchtige einen Schokoladen-Milchshake vorgesetzt bekamen".

Im Falle der Psychologen Christian Scheier und Dirk Held wird der Glaube an die Technologie des Hirnscannens durch die Annahme geleitet, dass Konsumenten „oft [...] keine Auskunft über die wahren Gründe für ihre Urteile und Präferenzen angeben" können (Scheier und Held 2006, S. 15; vgl. auch Häusel 2014, S. 15). Bezogen auf die Wirkung von Werbung gehen sie davon aus, dass Methoden der Werbeforschung, die auf Befragung und damit in der Regel auf bewusste Prozesse der Verarbeitung von Werbeimpulsen setzen, kaum einen Beitrag zur Klärung von Prozessen der Werbewirkung leisten können, da ihrer Überzeugung nach „95 Prozent der Werbekontakte" in Situationen stattfinden, „in denen der Kunde gerade kein Interesse am Produkt oder keine Zeit für die intensive Betrachtung von Werbung" hat (Scheier und Held 2006, S. 18).[8]

Neben der auch schon von anderen Autoren geäußerten Annahme, dass Werbung oft primär unbewusst wirkt und die Aussagen von Probanden zu Konsumgewohnheiten und Markenpräferenzen und der Wahrnehmung von Werbung im Rahmen von Befragungen nicht unhinterfragt bleiben sollten (vgl. u. a. Dammer und Szymkowiak 2008), beschränken sich die Autoren oft auf die Bestätigung bereits bekannter Annahmen. Marken haben auch nach ihren Erkenntnissen eine Orientierungsfunktion, und „der Anblick der ‚Lieblingsmarke'" führt zu „einer kortikalen Entlastung" (Scheier und Held 2006, S. 24). Bedeutet: Die Wahrnehmung von Marken, mit denen Verbraucher in der Vergangenheit positive Erfahrungen gemacht haben, führt aus Perspektive der Hirnforschung zu einer kognitiven Entlastung, ersparen diese subjektiv für gut befundenen Produkte doch das anstrengende Vergleichen von Produkten und Preisen.

Darüber hinaus führt Kenning (2010, S. 36) aus, dass starke Marken „nicht zu einer Entlastung des gesamten Hirns" führen, sondern vielmehr „den Schalter von rational auf emotional um(legen)".[9] Auch wenn den Konsumenten der emotionale Effekt von Marken „nicht bewusst" ist (Kenning 2010), bestätigt die neurowissenschaftliche Forschung auch durch die Akzentuierung der Bedeutung von Emotionen für Marken einen seit langen Jahren dokumentierten und in zahlreichen theoretischen Modellen behandelten Sachverhalt und einen **der** Grundgedanken hinter dem Konzept der Marke (vgl. u. a. Kapferer 1992; Heun 2012).

In Anlehnung an diese Signalwirkung von Marken betonen Autoren wie Scheier und Held (2006, S. 32) die kommunikative Funktion von Marken. So haben ihren Erkenntnissen nach starke Marken „soziale Relevanz", was sich an der Aktivierung „sozialer Hirnregionen" im Kontakt von Testpersonen mit derartigen Marken zeigt. Auch hiermit bestätigen sie klassische Erkenntnisse sozialwissenschaftlicher Forschung: „Der Wert der Marke besteht in ihrer sozialen Bedeutung."

---

8 Leider führt der Autor für diese Behauptung keine Belege oder Quellen an. Darüber hinaus ist es fraglich, ob bei bewusste Prozesse der Werbewirkung, wie z. B. die Wahrnehmung eines Werbemotivs auf einem Werbeplakat, wirklich eine „intensive Betrachtung" notwendig ist.

9 Als Erklärung des „notorisch aktiven" (Hasler 2015, S. 50) anterioren cingulären Cortex haben Bennett et al. (2009) vorgeschlagen, diesen als Mittler zwischen Kognition und Emotion zu begreifen.

Die besondere kommunikative Herausforderung besteht für Marken nach Scheier und Held (2006, S. 49) darin, dass es ihnen quasi „im Vorbeigehen" gelingen muss, Bedeutung zu gewinnen. Denn nach Erkenntnissen der Neurowissenschaften verfügt das menschliche Gehirn über ein „limitiertes 40-Bit-Bewusstsein", eine ungleich größere Möglichkeit, Wirkung zu zeigen, besteht über die unbewusste Aufnahme von Signalen („10.999.960 Bits"). Das menschliche Gehirn ist aufgrund der lebenslangen Lernprozesse in der Lage, die Bedeutung von Sinneseindrücken (Formen, Farben, Gerüche) „automatisch" und ohne die Beanspruchung mentaler Prozesse zu dekodieren (Scheier und Held 2006). Und was passiert, wenn Werbung wirkt? Nach Kenning (2010, S. 39) kann Werbung „tatsächlich dann, wenn sie gut gemacht ist, eine belohnende Wirkung im Gehirn entfalten".

Auch wenn sich die Autoren aus dem Bereich der neuroökonomischen Forschung dem gleichen Vorwurf stellen müssen, den diese den „vorherrschenden soziologischen, ökonomischen und psychologischen Ansätzen" machen, nämlich dass auch sie der „beobachtbaren Verhaltensvarianz" (Kenning 2010, S. 32) kaum neue Erklärungen entgegenstellen können, und darüber hinaus „die Neuentdeckung des Unbewussten durch die Hirnforschung" (Scheier und Held 2006, S. 59) in Anbetracht der klaren Bezüge von Ansätzen der tiefenpsychologischen Marketingforschung wenig überzeugend wirken, kann die Bestätigung folgender Erkenntnisse sozialwissenschaftlicher und kulturpsychologischer Werbeforschung als grundlegend hilfreich angesehen werden:

1. Prozesse der Werbewirkung laufen häufig unbewusst ab.
2. Konsumenten fällt es schwer, ihre Präferenzen für Produkte oder Marken zu artikulieren (da sie ihnen nicht immer bewusst sind).
3. Werbung kann als Kommunikationsform nur dann wirken, wenn es ihr gelingt, Bedeutung im Leben der Werbezielgruppen zu erlangen. Hierzu ist das Verständnis des kulturellen Kontexts essenziell.
4. Nichtsprachliche Kommunikation ist auch für Werbung zentral, da über Farben, Formen, Gerüche etc. Bedeutungen kommuniziert werden.
5. Erfolgreiche Werbung und starke Marken sind in der Lage, Emotionen zu wecken. Durch Werbung und Marken hervorgerufene positive Emotionen bilden eine gute Basis für den Aufbau von dauerhaften Beziehungen zwischen Konsumenten und Marken.

Aufgrund der Limitationen neuroökonomischer Forschung sowie der oft sehr allgemein formulierten und repetitiv wirkenden Erkenntnisse ist es darüber hinaus konsequent, wenn Scheier und Held (2006, S. 23) für die Nutzung von Methoden „aus Psychologie, Kulturwissenschaft und Hirnforschung" plädieren.

4.2.4 Kulturpsychologische Annahmen

Der Einfluss kulturpsychologischer Positionen hat in der deutschsprachigen Werbewirtschaft im deutschsprachigen Kulturraum im Verlauf des 20. Jahrhunderts stetig zugenommen. Im Gegensatz zu individualpsychologischen Perspektiven betonen Vertreter kulturpsychologischer Positionen die Bedeutung der Einbettung von Persönlichkeiten in den kulturellen Kontext. Darüber hinaus verweisen bspw. Anhänger der morphologischen Marktpsychologie auf die Dominanz einer ganzheitlichen Betrachtungsweise gegenüber der Konzentration auf bestimmte psychologische Konzepte. Nach dem Prinzip „das Ganze ist mehr als die Summe der Teile" kann menschliches (Konsum-)Verhalten demnach nur verstanden werden, wenn sich Forscher von der isolierten Analyse bestimmter psychologischer Konzepte (wie z. B. „Motivation" oder „Persönlichkeit") lösen und den menschlichen Organismus und seine Entwicklungsbestrebungen („Morphologien") im kulturellen Kontext in den Blick nehmen. Beispielhaft für diese Orientierung an der „Gestalthaftigkeit" im Marketingkontext steht das Konzept der „Produktwirkungseinheit". Hierunter verstehen Dammer und Szymkowiak (2008) eine Art Wirkungsfeld von Produkten, welches menschliches Verhalten beeinflusst und das zu dessen Verständnis wichtiger ist als z. B. das Konzept der Persönlichkeit. Dieser Annahme folgend haben Produkte einen bestimmten „Charakter", der sich auf das Verhalten von Menschen – insbesondere im Gruppenkontext – mehr oder weniger stark auswirkt. Dammer und Szymkowiak (2008, S. 59) sprechen in diesem Zusammenhang auch von den Produktwirkungseinheiten als „Regisseuren", die das Verhalten der Konsumenten wie ein „Ensemble" steuern. Dementsprechend wirken Produkte (und auch Werbemotive) durch die kulturellen Bedeutungen, die Menschen mit ihnen verbinden (z. B. Bier = Geselligkeit und Ausgelassenheit; Finanzdienstleistungen = Zurückhaltung und Sicherheit). Für die Werbeforschung ist hierbei die Annahme der geringen Bedeutung bewusster Prozesse und Wahlentscheidungen zentral. Konsumenten neigen aufgrund der Erwartungen, die an sie in (sozialen) Interviewsituationen gestellt werden, zu schnellem und rationalem Antwortverhalten. Dammer und Szymkowiak (2008) interpretieren diese Beiträge als „Geschichten" und „private Theorien" von Konsumenten, die mit den eigentlichen Motiven wenig zu tun haben.

Beispiel: *Marlboro*
Marlboro-Raucher nennen im Rahmen von Gruppendiskussionen häufig den „besonderen Geschmack" der Zigarette als zentrales Argument für ihre Markenwahl. Werbemotive der „Cowboy-Kampagne" von Marlboro führen in diesem Zusammenhang laut Dammer und Szymkowiak (2008) oft zu einer Ablehnung der dort dargestellten Welt des scheinbar „freien" Cowboys. Wertschätzung (und damit Werbewirkung) entfaltet sich erst im Rahmen von weiterführenden Gesprächen und anhand der Beschreibungen der Tätigkeiten eines Cowboys. Dessen Alltag weist mit seinen vielen kleinen, sich wiederholenden und stupiden Tätigkeiten, Ähnlichkeit mit der „kleinen" Lebens- und Arbeitswelt der Angestellten (und Marlboro-Ziel-

gruppe) auf und entwickelt aufgrund dieser (unbewussten) strukturellen Ähnlichkeit in Alltagsabläufen seinen Reiz.

Um Motiven „hinter" menschlichen Handlungen näherzukommen, ist der Einsatz von qualitativen Methoden der Werbeforschung zentral. Hierbei kommen neben Beobachtungsmethoden insbesondere diejenigen Methoden zum Einsatz, die es im Gespräch ermöglichen, Erklärungsansätze jenseits der (oft spontanen) rationalen Antworten von Konsumenten und Werberezipienten zu bieten. Neben dem Verfahren der Gruppendiskussion sind hierbei Techniken der tiefenpsychologischen Gesprächsführung zentral, bei denen durch permanentes „Nachhaken" weitere Motivatoren zu Tage treten, die den Befragten erst während des Gesprächs bewusst werden.

4.2.5 Von Werbewirkungsmodellen zu Werbewirkungsindikatoren

In ◘ Tab. 4.4 sind die bisher thematisierten theoretischen Positionen anhand grundlegender Annahmen und der damit verbundenen Menschenbilder dargestellt.

Theorien und Modelle zu der Wirkung von Werbung fungieren als Basis für die Messung von durch die Werbung hervorgerufenen Effekten. Hierbei spielen Wirkungsindikatoren eine zentrale Rolle, da sich anhand dieser Konzepte die Wirkung von Werbung in Relation zu den theoretischen Annahmen operationalisieren und erforschen lässt. Während für Anhänger senderorientierter Stimulus-Response-Modelle die Messung von Spuren der Aufmerksamkeitsleistung („Können Sie sich daran erinnern, für die Marke xy in letzter Zeit Werbung gesehen, gehört oder gelesen zu haben?") wichtig ist, konzentrieren sich Anhänger der eher empfängerorientierten Modelle z. B. auf die Relevanz von Werbeversprechen für Probanden in bestimmten Situationen. Demgegenüber beeinflusst die theoretische Annahme der Unwahrscheinlichkeit der Bewusstwerdung von Werbung Neurowissenschaftler methodisch dahingehend, dass sie auf Befragungen komplett verzichten, sondern eher versuchen, Werbewirkung in Form von überdurchschnittlicher Aktivität bestimmter Bereiche des menschlichen Gehirns nachzuweisen.

Die thematisierten Ansätze lassen sich bzgl. der für diese Ansätze zentralen Werbewirkungsdimensionen und -indikatoren klar differenzieren (s. ◘ Tab. 4.5). Entsprechend der theoretischen Entwicklung von einer Sender- zu einer stärkeren Empfängerorientierung haben sich laut Prognos und Bild (1999, S. 20) zum Ende des 20. Jahrhunderts integrierende Modelle, die beide Perspektiven miteinander in Einklang bringen, zu den am häufigsten genutzten Ansätzen entwickelt.[10]

---

10 Trotz dieser Entwicklung finden sich in der Forschungslandschaft nach wie vor Modelle, denen das klassische Reiz-Reaktions-Schema zu Grunde liegt. Diese Anwendung scheinbar überholter Wirkungsannahmen erklärt Prognos (1999, S. 20) mit der einerseits „einfach zu vermittelnde[n]

☑ Tab. 4.4 Modellannahmen der Werbewirkung

Modell	Annahmen des Modells	Menschenbild
Senderorientierte Modelle (z. B. Stimulus-Response)	Sender beeinflussen durch die konsequente Wiederholung (Penetration) ihrer Botschaften Empfänger bzw. Konsumenten	Konsumenten als passive Empfänger von Botschaften, die sich durch Werbung leicht beeinflussen lassen, da sie konsumfreudig und unkritisch sind
Neuromarketing	Werbung kann auch Wirkung zeigen, wenn die Werbemotive von Konsumenten nicht bewusst rezipiert werden. Das geschieht über (multi-)sensuale Stimuli	Konsumenten mit eingeschränkter Auffassungsgabe, aber mit der Fähigkeit zur Aufnahme einer Fülle an Impulsen unterhalb der Bewusstseinsschwelle
Empfängerorientierte Modelle	Empfänger nehmen Werbung bewusst war und verarbeiten diese vor dem Hintergrund ihrer spezifischen Interessen/Bedürfnisse	Konsumenten als aktive und kritische Rezipienten von Werbung, denen ihre Bedürfnisse und Interessen bewusst sind. Sie wägen Konsumhandlungen ab und handeln reflektiert
Hybridmodell der Markt- und Kulturpsychologie	Werbung als Teil eines kulturellen Zusammenspiels, in dem (erfolgreiche) Marken durch Aufbau und Pflege von Beziehungen zu Menschen Bedeutung erlangen	Konsumenten als reflektierte Akteure, die zwar nicht in jeder Situation bewusst handeln/konsumieren, die aber als Individuen in ihrer sozialen Lebenswelt (auch von Marken) ernst genommen werden wollen

4.2.6 Methoden der Werbeforschung

Methoden der Werbeforschung werden in der einschlägigen Literatur auf unterschiedliche Art und Weise differenziert. Daniela Schlütz (2016) unternimmt bspw. in ihrer Darstellung den Versuch, die Methoden der Werbeforschung nach ihrer Eignung zur Messung bestimmter „Wirkungsarten" darzustellen. Sie unterscheidet dabei zwischen „Wirkungsebenen" (Wahrnehmung, Erinnerung, Einstellung und Verhaltensintention) und „Wirkungsarten" (kognitiv, affektiv, konativ; Schlütz 2016, S. 550 ff.).

Darüber hinaus lassen sich die Methoden auch entlang klassischer wissenschaftlicher Forschungsparadigmen wie qualitativ oder quantitativ oder anhand

Erklärung", und die Autoren gestehen andererseits diesen Modellen bei isolierten Phänomenen und Fragestellungen eine (beschränkte) Gültigkeit zu.

◘ Tab. 4.5 Dimensionen, Indikatoren und Maße der Werbewirkung

Modell	Wirkungsdimensionen	Wirkungsindikatoren	Wirkungsmaße
Senderorientierte Modelle (z. B. Stimulus-Response)	Aufmerksamkeit	Erinnerung	Markenbekanntheit (Awareness), Werbeerinnerung (Recall)
	Verarbeitung	Verständnis, Akzeptanz	Wissen, Interesse, Gefallen (Likeability)
Neuromarketing	Physische Aktivität	Überdurchschnittliche Aktivierung von Hirnregionen	Erhöhte Durchblutung/erhöhter Sauerstoffverbrauch
Empfängerorientierte Modelle	Überzeugung	Relevanz und Einstellungsänderung	Glaubwürdigkeit, Attraktivität, Kaufabsicht
Hybridmodell: Markt- und Kulturpsychologie	Bedeutung und Bindungsbereitschaft	Beziehungsstärke, Relevanz, Wertschätzung	Markenbedeutung und -bindung, Sympathie, Respekt
Alle Modelle	Verhalten	Konsumhandlung	Kaufakt und Markenverwendung

von Verwertungszusammenhängen (kommerziell oder wissenschaftlich) unterscheiden.[11]

In der Marktforschung ist darüber hinaus die Orientierung an dem aus kommerzieller Sicht erfolgskritischen Zeitpunkt der Werbeschaltung etabliert. Demnach werden die Verfahren in diesem Bereich oft in Pre- und Posttests differenziert. Im Rahmen von **Pretests** wird versucht, die Wirkung von Werbemitteln **vor** dem Schalten der Werbung zu testen und – auf Basis der Erkenntnisse aus den Pretests – zu optimieren. **Posttests** haben demgegenüber die Funktion, die Wirkung von Werbung **nach** dem Beginn von Werbekampagnen zu ergründen. Hier steht im Gengensatz zu den Pretests weniger die Wirksamkeit des einzelnen Werbemittels als vielmehr das Zusammenspiel von Werbemitteln, Werbemedien und Werbedruck im Zentrum des Erkenntnisinteresses. Die folgende Darstellung ausgewählter Methoden der Werbeforschung differenziert Methoden der Werbeforschung entlang dieser eher werbepraktischen Unterteilung in Methoden aus dem Bereich der Pre- und Posttests.

---

11   Schlütz (2016, S. 565) kommt zu der Erkenntnis, dass im Rahmen von wissenschaftlichen Studien, anders als im Bereich der kommerziellen Werbeforschung, „vorwiegend" die Methode des Experiments zur Anwendung kommt, was auf einen starken Einfluss der Psychologie deutet.

Abb. 4.8 Biotische Testsituation. (Quelle: Radio Marketing Service o.J., S. 4 f.)

Pretests

Mithilfe von Pretests wird in der kommerziellen Werbeforschung versucht, Fragen nach der Transferleistung bzw. dem möglichen Kommunikationserfolg von Werbe**motiven** zu beantworten. Hierbei geht es in der Regel weniger darum, den konkreten Erfolg anhand von möglichen Erinnerungsraten an die Kontakte zur Werbung zu prognostizieren, als vielmehr darum, Sicherheit bzgl. der grundlegenden Transferleistung des jeweiligen Werbemittels zu gewinnen. Demnach ist es die Aufgabe von Pretests, grundlegende „Werbeflops" über eine dem Pretest nachgelagerte Optimierung der Werbemotive zu verhindern. Hierbei lassen sich Pretests grundlegend nach der Gestaltung der Testsituationen unterscheiden. Während den Befragten in **laborähnlichen Testsituationen**, wie z. B. im Rahmen einer Gruppendiskussion, oft bewusst ist, dass es um die Diskussion der Wirkung dieser Motive auf sie, die Probanden, geht, wird bei **biotischen Testsituationen** versucht, den Kontakt der Probanden zu dem Werbemotiv so alltagsnah bzw. natürlich wie möglich zu gestalten. Abb. 4.8 zeigt eine derartige Situation. Nach der Rekrutierung von Probanden für eine Marktforschung werden diese gebeten, vor dem Interview in einem Wartezimmer Platz zu nehmen (s. Abb. 4.8, linkes Bild). In diesem Raum läuft ein Radioprogramm, welches durch einen Werbeblock unterbrochen wird. Im Anschluss daran werden die Probanden in einen angrenzenden Raum zum Interview gebeten (Abb. 4.8, rechtes Bild).[12]

---

12 Es ist umstritten, inwieweit es gelingen kann, Testpersonen wie in Abb. 4.8 dargestellt quasi künstlich in natürliche Alltagssituationen zu platzieren. Im schlimmsten Falle (des Bewusstwerdens der Testsituation) können die Durchsetzungsstärke eines Commercials in Programmumfeld und Werbeblock (Recall) sowie Awareness- und Recognition-Werte nicht valide gemessen werden.

Vollkommen neue Möglichkeiten des Testens von Markenkommunikation und Beiträgen bieten Soziale Netzwerke wie *Facebook*. Hier lassen sich Beiträge in einem definierten Nutzerkreis kurzfristig unter realen Bedingungen veröffentlichen und bzgl. ihrer Aktivierungsleistung auf der Ebene des Verhaltens testen. Über den Grad der Interaktion (Anklicken, Liken, Kommentieren) lassen sich zudem die Reaktionen von Nutzern auf Branded Content nachvollziehen.

Vorteile von Pretests via Social Media:

1. Test innerhalb der Zielgruppe und unter realen Bedingungen (*Facebook* als Umfeld und keine konstruierte Mediennutzungssituation)
2. Geringer Einfluss der Testsituation, da es sich hier um eine Art Feldtest handelt
3. Vergleichsweise geringe Kosten
4. Möglichkeit zur kurzfristigen Optimierung und erneuten Schaltung der Werbemittel innerhalb eines kurzen Zeitfensters

Der Nachteil von Pretests besteht in der Fokussierung auf das Nutzerverhalten. Ein Verständnis dessen, wieso z. B. Reaktionen ausbleiben, lässt sich so nicht erzielen.

Grundsätzlich lassen sich Pretests in qualitative und in quantitative Tests unterscheiden. Aufgrund der Heterogenität der Erwartungen an einen Werbemotivtest vor der Schaltung und der oftmals kleinen Zeitfenster bis zu dem Einsatzbeginn der Werbemittel kennzeichnet Pretests oft ein geringer Standardisierungsgrad (qualitative Methodik). Qualitative Pretests lassen sich inhaltlich fallspezifisch leicht anpassen und kurzfristig organisieren und umsetzen. Eine der am häufigsten gewählten Methoden stellt hierbei die Gruppendiskussion (*Focus Group*) dar (Mayerhofer 2009). Bei der Gruppendiskussion handelt es sich um eine Form des qualitativen Interviews, welches mit bis zu acht Personen durchgeführt wird. Die zentralen Vorteile gegenüber einem qualitativen Einzelinterview bestehen einerseits in der Schaffung einer sozialen Befragungssituation, die bspw. für die Diskussion von unterschiedlichen Meinungen zu Motiven genutzt werden kann. Andererseits bietet die Fokusgruppe den forschungsökonomischen Vorteil, dass sich in einem Zeitraum von max. zwei Stunden die Meinungen von mehreren Probanden einholen lassen.

Entsprechend dem Erkenntnisinteresse steht der Test der Kommunikationswirkung der Werbemotive im Zentrum eines qualitativen Pretests. Der Ablauf lässt sich grundlegend in fünf Phasen unterteilen:

1. Begrüßung und Vorstellung
2. Motivpräsentation und -evaluation
3. Motivdiskussion
4. Motivoptimierung (verbal)
5. Verabschiedung

Nach der Begrüßung und einer Vorstellung (1.) kommt es in der Regel zu einer zügigen Präsentation der Werbemotive (2.). Danach ist es sinnvoll, in einem ersten Schritt die

Urteile der Probanden isoliert und unbeeinflusst von den Urteilen der anderen Teilnehmer zu erfassen. Hierzu bietet sich die Verteilung von Kurzfragebögen an, über die folgende Wirkungsdimensionen erfasst werden sollten:

1. **Spontane Assoziationen:**
   Was geht Ihnen bei dem Motiv durch den Kopf? Bitte schreiben Sie alles auf, was Ihnen zu diesem Motiv spontan einfällt.
2. **Verständnis:**
   Was meinen Sie: Was will Ihnen die Marke xy mit diesem Motiv sagen?
3. **Gefallen der Motive (Likeability):**
   a. Wie gefallen Ihnen die Motive?
      – Sehr gut
      – Gut
      – Weniger gut
      – Gar nicht gut
   b. Begründen Sie Ihre Entscheidung bitte kurz.

Nach der isolierten Erfassung der spontanen Bewertung der Werbemotive sollte eine moderierte Diskussion in der Gruppe erfolgen. Hierbei besteht für die Teilnehmer die Möglichkeit, ihre Wahrnehmung zu dem Sinn und Zweck der Werbemotive mit der Gruppe zu teilen. Hierbei lässt es sich in der Regel nicht vermeiden, dass Teilnehmer ihre Meinungen zu den Motiven „loswerden" wollen. In diesem Falle ist es die Aufgabe der Moderationsleitung, weg von einer Ansammlung von Einzelmeinungen hin zu einer Diskussion (3.) rund um die Stärken und Schwächen der werblichen Maßnahmen zu kommen. Im Rahmen dieser Diskussion ist der Übergang zu der „Optimierung" (4.) der Motive in der Regel fließend, da Probanden häufig zügig Ansätze zur Verbesserung der Kommunikationsleistung entwickeln. Aufgrund der besonderen Dramaturgie eines qualitativen Werbemotivtests, es wird von Anfang an über den sehr speziellen Fall eines Werbemotivs gesprochen, ist es wenig empfehlenswert, nach der 4. Phase noch weitere Themen zu behandeln.

Posttests

Aufgrund des Verwertungszusammenhangs als Teil des Marketingcontrollings ist das Erkenntnisinteresse bezogen auf Posttests oft durch eine starke Orientierung an quantitativen Daten gekennzeichnet. Zur Klärung von Fragen nach der Aufmerksamkeitsstärke von Werbemotiven im Spotumfeld (Impact) und nach dem Beitrag von Werbekampagnen zum Abverkauf von Marken (Return on Investment) empfiehlt sich der Einsatz von quantitativ-standardisierten Erhebungsmethoden. Im Gegensatz zu qualitativen Methoden eignen sich diese Methoden eher zur Erhebung von Daten, bei denen eine Codierung der möglichen Antworten (z. B. „ja" oder „nein") und eine

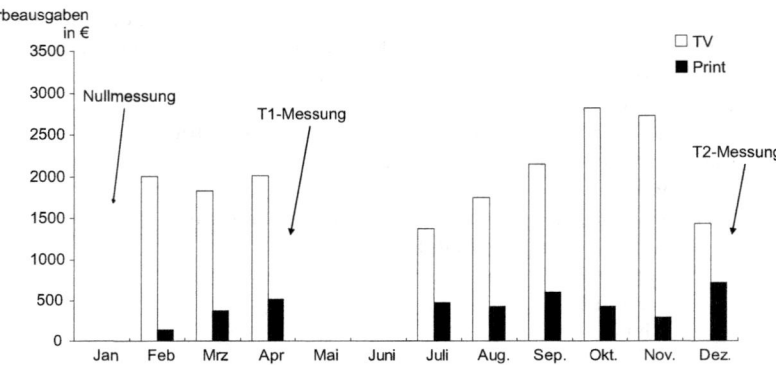

◘ Abb. 4.9 Anlage einer Trackingstudie

Quantifizierung der Ergebnisse („ja" = 32 %) im Vorfeld der Erhebung als zielführend eingeschätzt werden.[13]

Ein klassisches Posttestverfahren zur Messung von Wahrnehmungen, Wissenserweiterungen und Einstellungsveränderungen stellen Trackingverfahren dar. Das Ziel dieser Verfahren ist die Messung von Effekten von Werbeschaltungen mittels repräsentativ angelegter Befragungsstudien.[14] Diese werden häufig persönlich am Telefon, Face-to-Face, online oder – in seltenen Fällen – auch postalisch durchgeführt.[15]

Die Grundidee der Messung von Werbewirkungseffekten anhand von Trackingstudien ist in ◘ Abb. 4.9 visualisiert. Hierbei ist die Erhebung des Ausgangsniveaus der entsprechenden Werbewirkungsindikatoren im Rahmen einer „Nullmessung" essenziell. Im Rahmen dieser ersten Welle der Befragungsstudie werden in der Regel Daten zu Werbeerinnerungen (Recall) und Markenbekanntheit in der betreffenden Kategorie bzw. Warengruppe erhoben, um – entsprechend der Annahme, dass die Werbeschaltung zu einer Steigerung der Werte der beworbenen Marke führt – Aussagen über mentale Prozesse rund um einen Werbekontakt treffen zu können. Die Anzahl der Messwiederholungen lässt sich dabei beliebig und entsprechend den Werbeschaltungen variieren.[16]

---

13 So lässt sich die Frage nach der Aufmerksamkeitsstärke von Anzeigen über die Frage „Haben Sie dieses Werbemotiv schon einmal gesehen?" („Ja", „nein") operationalisieren.

14 Im Rahmen repräsentativ angelegter Stichproben wird versucht, von den Befragungsergebnissen einer kleineren Anzahl von Menschen auf die Effekte bei einer größeren Gruppe von Menschen (Grundgesamtheit) zu schließen.

15 Trotz der Schwierigkeit der Ziehung repräsentativer Stichproben im Rahmen von Online-Erhebungen wird die Bedeutung dieser Methode aus forschungsökonomischen Gründen weiter zunehmen.

16 Ein kontinuierliches Tracking der Werbewirkung wird als Werbemonitoring bezeichnet.

Der Ablauf des für die Beurteilung der Werbewirkung zentralen Teils eines Interviews im Rahmen einer Trackingstudie ist gekennzeichnet von einer Entwicklung von eher allgemeinen zu sehr konkreten Werbewirkungsindikatoren. Die Erhebung folgender Indikatoren ist in diesem Zusammenhang essenziell:

- Markenbekanntheit in der Warengruppe (ungestützt/gestützt)
- Werbeerinnerung in der Warengruppe (ungestützt/gestützt)
- Werbemotivgestützte Werbeerinnerung (Recognition)
  - → Nur an Werbeerinnerer
  - Detailerinnerung (ungestützt/gestützt)
  - Assoziationen
  - Gefallen
  - Kaufappeal

Die Operationalisierung der Werbewirkungsindikatoren hat bei der Methodenwahl des standardisierten Interviews in Form von Fragestellungen zu erfolgen (s. ◘ Tab. 4.6).

Generell folgt die Erhebung der Werbewirkungsindikatoren im Rahmen von Trackingstudien der klassischen Vorstellung, dass Werbung nur dann Wirkung zeigt, wenn sie bewusst erinnert wird. Darüber hinaus ist die Abfrage der Wirkung erinnerter Werbung auf in der Zukunft stattfindende Kaufakte (s. in ◘ Abb. 4.6 „Kaufappeal") umstritten.[17] Nach Brennan und Esslemont (1994) wird das tatsächliche Kaufverhalten durch Indikatoren zur Kaufwahrscheinlichkeit nur geringfügig überschätzt.

Qualitativ-psychologische Werbeforschung

Ernst F. Salcher (1995, S. 6) definiert psychologische Marktforschung als „Analyse des Verbrauchers, die über die reine Verhaltensschilderung hinaus zur Erklärung von Ursachen und zur Aufdeckung von nur teilweise bewussten Wünschen, Vorstellungen und Bedürfnissen führt". Bei dem Versuch der „Erklärung" kommt qualitativen Methoden eine besondere Bedeutung zu, da diese die Möglichkeit des Verständnisses von mit Werbung in Verbindung stehenden Handlungen und Gefühlen bieten. Eine zentrale Verständnisbarriere bilden hierbei auffällige Rationalisierungen im Antwortverhalten von Probanden. So wird die für die Werbeforschung wichtige Frage nach Konsumpräferenzen im Bereich von Nahrungsmitteln oft spontan mit „weil es mir schmeckt" beantwortet. Erst durch unterschiedliche Nachfragen entlarven sich derartige spontane Antworten oft als Versuche, sich durch schnelles Antworten in den sozialen Interviewsituationen als möglichst souveräne Konsumenten darzustellen, auch wenn die wahren Motive oft vielschichtiger sind. Darüber hinaus

---

17 Nach Schlütz (2016, S. 564) ist das Indikatorpotenzial konativer Indikatoren (z. B. Kaufappeal) gering. Sie zählen demnach zu den „am wenigsten verlässlichen Variablen" im Bereich der Werbewirkungsforschung.

◘ **Tab. 4.6** Operationalisierung von Indikatoren der Werbewirkung in Befragungsstudien

Indikatoren	Fragetext
Ungestützte Markenbekanntheit (Unaided Brand Awareness)	Nennen Sie mir bitte alle Ihnen bekannten Marken aus der Produktgruppe X.
Gestützte Markenbekanntheit (Aided Brand Awareness)	Ich lese Ihnen jetzt einige Marken der Produktgruppe X vor. Welche davon kennen Sie, wenn auch nur dem Namen nach?
Spontane Werbeerinnerung (Unaided Advertising Recall)	Für welche Marken haben Sie in letzter Zeit Werbung gehört, gesehen oder gelesen?
Gestützte Werbeerinnerung (Aided Advertising Recall)	Ich lese Ihnen jetzt einige Marken vor. Sagen Sie mir bitte, ob Sie dafür in letzter Zeit Werbung gehört, gesehen oder gelesen haben.
Werbemotivgestützte Werbeerinnerung (Recognition)	Ich spiele Ihnen jetzt einen Spot vor. Können Sie sich daran erinnern, diesen Spot schon einmal gesehen/gehört zu haben?
Spontane Assoziationen	Was geht Ihnen zu diesem Spot/Werbemotiv spontan durch den Kopf? Nennen Sie mir bitte alles, was Ihnen einfällt.
Ungestützte Detailerinnerung	Können Sie sich an Einzelheiten der Werbung der X erinnern?
Gestützte Detailerinnerung	Können Sie sich an Y als Teil der Werbung X erinnern?
Gefallen (Likeability)	Alles in allem – wie sehr gefiel Ihnen die Werbung X?
Kaufappeal	Können Sie sich vorstellen, Produkte der beworbenen Marke X in Zukunft häufiger zu kaufen?

eignen sich qualitativ-psychologische Methoden in besonderer Weise zur Erschließung unbewusster Motivlagen (und Werbewirkungen). Die Basis hierfür bildet die Bedeutung des Unterbewusstseins für menschliche Handlungen. Auch Salcher unterscheidet in diesem Zusammenhang zwischen bewussten und unbewussten („latenten") Bedürfnissen, wobei er die in uns „schlummernden" latenten Bedürfnisse aufgrund ihrer „schwierigen Erfragbarkeit" auch als methodische Herausforderung versteht (Salcher 1995, S. 56.).

■ **Projektive Verfahren**
Projektive Verfahren galten nach Salcher (1995, S. 56) im zweiten Drittel des 20. Jahrhunderts eine Zeit lang als die psychologischen Marktforschungsmethoden „schlechthin".

Der Einsatz von projektiven Verfahren bietet sich im Rahmen der Markt- und Werbeforschung dann an, wenn sich eine Testperson „nur ungern offenbaren will […] oder nicht offenbaren kann" (Spiegel 1970, S. 106). Demnach ist es möglich, mithilfe projektiver Verfahren Unbewusstes zu Tage zu fördern bzw. auch Themen im Rahmen eines Interviews zu erforschen, über die Befragungspersonen mit fremden Menschen (Interviewern) eher ungern sprechen.[18]

Der Begriff der (psychologischen) Projektion bezeichnet u. a. den seit den Arbeiten von Sigmund Freud einschlägigen Sachverhalt der Übertragung von eigenen „unangenehmen oder widerspruchsvollen Regungen" (Salcher 1995, S. 56 f.) auf andere Personen. Ähnlich wie im Falle der Kompensation oder der Regression (dem Zurückfallen in kindliche Verhaltensmuster) handelt es sich bei Projektionen um Bewältigungsstrategien, um bspw. unangenehme Ereignisse oder individuelle „Schwächen" (z. B. latente Ablehnung von Ausländern) zu verdrängen.

Über den Einsatz von projektiven Verfahren ist es möglich, bei entsprechend psychologisch geschulter Analysekompetenz eine Vielzahl an latenten Wünschen, Einstellungen oder Motivationen jenseits spontaner Rationalisierungen oder sozial erwünschter Antworten von Befragten zu Tage zu fördern und zu verstehen. Projektive Verfahren kennzeichnet, dass sich ihr „Sinn" für Probanden in der Regel nicht spontan erschließt. Im Rahmen dieser Verfahren wird oft mit Stimulus-Material wie Bildern oder zu ergänzenden Sätzen gearbeitet, auf das Probanden zügig reagieren sollen. Hierdurch wird die rationale Kontrolle durch die Probanden erschwert, und es fällt den Probanden in derartigen Testsituationen oft schwer, sozial Erwünschtes zu dekodieren und entsprechend strategisch zu antworten.

Folgende Arten von Projektionen sind einschlägig:

1. **Spiegel-Projektion:** Testpersonen nutzen Dritte oder sich als Projektionsfläche zur Erläuterung eigener Wünsche („so will ich auch sein") oder um Sachverhalte zu erklären („das ist genau wie bei mir").
2. **Kathartische Projektion:** Es werden (bewusst oder unbewusst) eigene Motive anderen zugeschrieben, aber als irrelevant für eigenes Verhalten erklärt.
3. **Komplementäre Projektion:** Wenn Testpersonen bewusst bestimmte Dinge anderen Menschen zuschreiben („Ich erlebe BMW-Fahrer als rücksichtslos, was wiederum mich aggressiv macht").

Verbindendes Element der Projektion ist die „Verlagerung von affektgeladenen, inneren Wahrnehmungen" nach außen, ohne dass die Testpersonen diese Prozesse zwangsläufig bewusst auf sich selbst beziehen. Projektive Verfahren machen sich diesen Selbstschutzmechanismus zu eigen, indem sie Testpersonen zu Projektionen animieren.

---

18 Hierbei wären aus dem Bereich der Konsumgüter z. B. Reinigungsartikel wie WC-Reiniger zu nennen.

- **Ausgewählte projektive Verfahren**
1. **Projektive Frage**
   Statt direkt nach der Meinung von Testpersonen zu fragen („Was halten Sie denn von sehr schnellem Autofahren auf der linken Fahrbahn?") wird indirekt nach der Meinung von anderen Personen gefragt („Was halten denn Ihre Freunde von sehr schnellem Autofahren auf der linken Fahrbahn?"). Hiermit wird die Hoffnung verbunden, dass die Befragten ihre eigenen Motive, Einstellungen oder Werte mitteilen, indem sie diese auf andere projizieren.
2. **Bilder-Erzähl-Test**
   In Anlehnung an den thematischen Apperzeptions-Test von Murray (1943) werden die Probanden gebeten, ein Set an Fragen zu bestimmten Bildern zu beantworten und ihre Versionen der „Geschichten" zu diesen Bildern zu erzählen.[19] Während Murray Bilder von mehrdeutigen sozialen Situationen nutzt, um Rückschlüsse auf Weltbilder, Einstellungen und Persönlichkeiten der Testpersonen zu ziehen, werden in der Konsumforschung oft auch Menschen mit Produkten in Alltagssituationen (z. B. Mann über 50 Jahre in einem Cabriolet) gezeigt. Über diesen Umweg wird versucht, ein Verständnis zu Bedeutungen von Konsumgegenständen in bestimmten Lebenssituationen der Testpersonen zu generieren.[20]
3. **Beschreibung von projektiven Verwendern oder Markenplaneten**
   Im Rahmen der Frage nach dem projektiven Verwender wird der Versuch unternommen, die mit Marken verbundenen Muster (Assoziationen, Vor- und Einstellungen) anhand der Beschreibung eines „typischen Markenverwenders" zu Tage zu fördern. Hierbei werden Probanden gebeten, den/die für sie typischen Verwender/in der Marke x zu beschreiben.[21] Wie auch bei der Frage nach einem „Markenplaneten"[22] werden bei diesen Aufgaben Vorstellungen und Meinungen zu Marken auf konkrete Dinge wie Markenverwender oder Lebensräume (Planeten) projiziert. Auch hier mit dem einen Ziel: rationale Kontrolle zu lockern („Ich möchte eigentlich gar nicht so viel über mich preisgeben") und abstrakte Konzepte, wie z. B. das der „Marke *Ikea*", zugänglicher zu machen.

---

19 Hierbei werden Fragen wie „Was ist das für eine Situation? Worum geht es?" oder „Was sind die Ziele und Intentionen der Personen? Was wird als Nächstes passieren?" gestellt.

20 Bei derartigen Bildern tut sich oft ein Spannungsfeld der Projektionen von eher hedonistisch-maskulinen Deutungsmustern („Klarer Fall von Midlife-Crisis, und er versucht so, junge Frauen zu beeindrucken") bis zu feminin-romantischen Deutungsmustern („Nach einem erfolgreichen Arbeitsleben hat er sich und seiner Frau ein schickes Auto als Belohnung gegönnt") auf.

21 Hierbei wird oft wie folgt aufgefordert: „Stellen Sie sich vor, die Tür geht auf, und es steht die typische *Ikea*-Kundin in der Tür. Beschreiben Sie bitte einmal, was das für eine Person ist und wie sie aussieht."

22 „Stellen Sie sich vor, es gäbe einen Markenplaneten der Marke *Kerrygold*. Bitte zeichnen Sie alles, was das Leben auf diesem Planeten Ihrer Meinung nach ausmacht."

4. **Lückentest**

Beim Lückentest werden den Probanden Sätze mit Lücken vorgelegt, welche durch die Testpersonen vervollständigt werden sollen. Dieses Verfahren wird oft bei Themen/Marken angewandt, bei denen Forscher mit einem starken Einfluss der (sozialen) Interviewsituation auf die Antwortbereitschaft rechnen.

BEISPIEL:

„00 ist ein … WC-Reiniger.

Ich nutze 00 WC-Reiniger, wenn …"

■ **Assoziative Verfahren**

Unter Assoziation wird in der Psychologie die „assoziative Verknüpfung von Gedächtnisinhalten" (Salcher 1995, S. 76) verstanden. Das Zustandekommen von assoziativen Beziehungen wird **erstens** mit der Gleichzeitigkeit des Auftretens („Kontiguitätsgesetz") von bestimmten Phänomenen (Sommer und Hitze) erklärt. **Zweitens** werden Dinge je stärker miteinander in Verbindung gebracht, desto ähnlicher sie sich sind („Ähnlichkeitsgesetz").[23] **Drittens** betonen Anhänger der Gestaltpsychologie die Bedeutung des Sinnzusammenhangs für die Verknüpfung von Gedächtnisinhalten. So konnte bspw. auch Langner (2003) nachweisen, dass Markennamen, die in einem Sinnzusammenhang zu einem Produkt standen (z. B. *Barilla* = italienische Pastaprodukte), signifikant besser erinnert werden als Markennamen ohne Sinnzusammenhang.

Eine der zentralen methodischen Herausforderungen der Assoziationsforschung liegt in dem Zutagefördern von impliziten Gedanken. Zugang zu impliziten, den Probanden nicht bewussten Assoziationen zu erhalten, ist für die Werbe- und Konsumforschung essenziell, um ein ganzheitliches Verständnis von der Wahrnehmung von Marken (und Werbung) zu erlangen.

Generell lassen sich Verfahren der Erforschung von Assoziationen nach Salcher (1995) nach der Art der erfassten Assoziationen (frei, gelenkt oder eingeschränkt) unterscheiden.

1. **Verfahren der freien Assoziation**

Bei Verfahren der freien Assoziation werden die Probanden gebeten, alles was ihnen spontan durch den Kopf geht, zu berichten. Dieses Verfahren wird im Rahmen der Werbeforschung in der Regel mit einem Schlüsselreiz („zum Autofahren", „zu dem Werbefilm", „zu der Marke VW") kombiniert. Entscheidend hierbei ist die Ermutigung der Probanden zu einem möglichst schnellen und wenig reflektierten Assoziieren.

2. **Verfahren der gelenkten Assoziation**

Die gelenkte Assoziation unterscheidet sich von der freien Assoziation durch die Konzentration auf bestimmte Ausschnitte eines Wirkungsbereichs (z. B. Farben, Stimmungen). Das Grundprinzip ist hierbei, wie bei den Verfahren der freien As-

---

23 Beispiel: Südfrüchte =„Orangen, Zitronen …".

soziation, die schnelle und spontane Abfrage von Assoziationen von Probanden. Im Unterschied zur freien Assoziation beschränkt sich die gelenkte Assoziation auf einen Teilaspekt eines zu erforschenden Phänomens. Klassisches Beispiel für ein derartiges Verfahren ist der Satzergänzungstest. Die Probanden werden durch den vorformulierten Satz zu der Vervollständigung mit Blick auf einen bestimmten Sachverhalt gelenkt.

3. **Verfahren der eingeschränkten Assoziation**

Analog der gelenkten Assoziation wird auch bei Verfahren der eingeschränkten Assoziation die Aufmerksamkeit der Probanden auf bestimmte Teilaspekte gelenkt. Der Unterschied liegt in der Einschränkung der Anzahl erlaubter Nennungen/Assoziationen auf eine Assoziation. Durch die schnelle Abfrage einzelner Assoziationen zu unterschiedlichen Schlüsselreizen erfährt die Interviewsituation eine zusätzliche Dynamisierung (Stresssituation), wodurch die Rationalisierung des Antwortverhaltens weiter erschwert wird.

Beispiel: Gelenkte Assoziation

Interviewer: „Ich lese Ihnen nun eine Reihe von unvollständigen Sätzen vor. Bitte beenden Sie den Satz so schnell wie möglich, ohne lange zu überlegen."
(Intervieweranmerkung: Die Sätze so schnell wie möglich nacheinander vorlesen!)

1. Mobil sein bedeutet für mich …
2. Öffentlicher Nahverkehr bei uns in der Region ist …
3. Autofahren bedeutet für mich …
4. Ein Auto zu besitzen, heißt …
5. Immer, wenn ich Bus fahre, denke ich …
6. Jedes Mal, wenn ich Bahn fahre, fühle ich mich …
7. Beim Carsharing geht es in erster Linie um …
8. Ich persönlich würde Carsharing nutzen, wenn …
9. Der typische Carsharing-Nutzer ist …

Beispiel: Eingeschränkte Assoziation

Interviewer: „Ich lese Ihnen jetzt einzelne Begriffe vor. Bitte antworten Sie auf diese Begriffe mit dem ersten Wort, dass Ihnen hierzu spontan durch den Kopf geht."
(Intervieweranmerkung: Die Begriffe möglichst schnell nacheinander vorlesen und die Antworten schnell notieren!)

1. Mobilität …
2. Öffentlicher Personennahverkehr …
3. Führerschein, Klasse 3 …
4. Auto …
5. Autofahren …
6. Sharing bzw. teilen statt besitzen …
7. Carsharing …

- **Tiefeninterview**

Das Tiefeninterview ist gekennzeichnet durch den Versuch, mittels bestimmter Fragetechniken in Dimensionen „unterhalb" schneller und (zumeist) oberflächlicher Antworten zu gelangen. Im Gegensatz zu den assoziativen Verfahren steht dabei weniger die Lockerung rationaler Kontrollmechanismen im Fokus als vielmehr die Erarbeitung von für die Befragten neuen Wissensbeständen. Das Erschließen von neuen Erklärungsansätzen zu eigenem Verhalten (wie bspw. Konsumpräferenzen) wird möglich, wenn es dem Interviewer gelingt, weg von dem (für standardisierte Interviews) typischen „Frage-und-Antwort-Modus" hin zu der Atmosphäre eines „Interview-Gesprächs" (Salcher 1995, S. 28) zu kommen. Denn erst wenn sich die Befragten in der sozialen Situation des Interviews wohl und wertgeschätzt fühlen, fangen auch sie an, sich Zeit zu nehmen und Mühe zu geben, den Interviewer auf die „Reise" zu möglichen Erklärungsansätzen ihres Verhaltens zu begleiten.

Nach Salcher (1995, S. 27) beruht die „enorme Beliebtheit" dieser Methode auf drei Qualitäten.

1. Durch das freie „Flottieren" im Gespräch wird es dem Interviewer möglich, nach Dingen zu fragen, die dem Befragten vor dem Interview selber nicht bewusst waren.
2. Das sich in Kreisbewegungen vollziehende indirekte Erfragen ermöglicht die Erforschung von privaten Themenbereichen, bei denen direktes Fragen oft als zu offensiv bzw. unangenehm erachtet wird.
3. Die entspannte Gesprächssituation gibt den Befragten ausreichend Zeit, um über Empfindungen und Verhaltensweisen nachzudenken und diese möglichst klar zu formulieren.

Folgende Techniken stehen bei Tiefeninterviews im Vordergrund:

- **Konsequentes Nachfragen** mittels klassischer „W-Fragen" („Was? Wie? Wann? Warum?"). Hierbei kommen oft besondere Tätigkeiten und Motivationen zur Sprache, die weder den Befragten noch dem Interviewer bewusst waren.
- **Gesagtes wiederholen** und damit den Gesprächspartner mehr Zeit geben, um über eigenes Erleben und Verhalten nachzudenken.
- Einen Rahmen für Verständnis schaffen durch die Orientierung an **einfachen Tätigkeitsbeschreibungen** („Wie machen Sie das genau? Was tun Sie als Nächstes?"). Hiermit wird den Gesprächspartnern die Gelegenheit gegeben, eigenes Verhalten zu reflektieren und zu „neuen" Erkenntnissen bzgl. dessen Zustandekommens zu gelangen.
- **Geschichten** aus dem Leben **erzählen lassen.** Wie aus der Kulturforschung bekannt ist, manifestieren sich Besonderheiten von Kulturen oft in geteilten Symbolen, Ritualen oder Traditionen (vgl. Geertz 1991; Heun 2012). Fragen wie „Können Sie sich an einen Moment erinnern, in dem sich vegetarisches Essen für Sie ganz besonders angefühlt hat?" bieten Zugang zu besonderen Erlebnissen, anhand derer sich Motivationen und Einstellungen besser nachvollziehen lassen.

> **Auf den Punkt gebracht: Gute Interviewführung ähnelt alltäglichen Gesprächs-situationen.** Hierbei wird nicht von einem Frageblock zum nächsten gestürmt, sondern es werden im Gespräch gemeinsam Wege beschritten, „Türen" geöffnet und die dahinter liegenden „Räume" auch komplett (mittels Fragen) erschlossen.

Sieben Kernkompetenzen eines qualitativen Interviewers
1. Neugier
2. Empathie
3. Analytische Stärken
4. Flexibilität
5. Beharrlichkeit
6. Präzision
7. Kreativität

4.3 Lern-Kontrolle

Kurz und bündig

— Gegenstand des Kommunikationscontrollings ist die Erforschung und Bewertung von Werbewirkungsindikatoren mit Blick auf die Kommunikationsziele und -mittel.

— Der Ansatz der Balanced Scorecard ermöglicht es, zentrale Wirkungsdimensionen von Werbung zueinander in Bezug zu setzen und zu kontrollieren.

— Indikatoren der Werbewirkung lassen sich auf unterschiedlichen Ebenen wie Wahrnehmung, Kognition oder Verhalten isolieren.

— Während qualitative Methoden in der Regel vor der Werbeschaltung (in Form von Pretests) zum Einsatz kommen, wird die Wirkung von Werbung während oder nach der Werbeschaltung (Posttests) eher mittels quantitativer Verfahren gemessen.

— Neben unterschiedlichen Formen der Befragung finden im Bereich der Werbewirkungsforschung Experimente oder apparative Verfahren Verwendung.

? Let's check
1. Wieso gilt das AIDA-Modell heute als widerlegt?
2. Schildern Sie kurz die Grundannahmen der Theorie der kognitiven Dissonanz.
3. Welches Wirkungsphänomen wird durch den Primary-Recency-Effekt beschrieben?
4. Beschreiben Sie kurz die besondere „Leistung" des Involvement-Konzepts für die Werbeforschung.
5. Welche Bedeutung haben Werbewirkungsindikatoren?

6. Wieso werden Pretests oft „biotisch" angelegt?
7. Erklären Sie kurz den Unterschied zwischen Pre- und Posttest.
8. Was ist die Idee hinter der besonderen Stichprobenanlage (in mehreren „Befragungswellen") von Trackingstudien?
9. Welche Funktion hat das kontinuierliche „Nachhaken" mittels Fragen im Rahmen von qualitativ-psychologischen Interviews?
10. In welchen Fällen eignet sich der Einsatz von projektiven Verfahren in der Marketingforschung?

❷ Vernetzende Aufgabe

Entwickeln Sie auf der Basis der vernetzenden Aufgabe aus ▶ Kap. 3 (Konzept für eine Werbekampagne der Marke *Superbrain*) ein Forschungsdesign für eine Werbewirkungsforschung. Beantworten Sie dabei folgende Fragen:
– Welche Zielgruppe wurde adressiert?
– Welche Wirkungsdimensionen standen bei der Kampagne besonders im Fokus?
– Mit welchen Methoden lassen sich diese Wirkungsdimensionen wann und wo am besten messen?

❶ Lesen und Vertiefen

– Siegert, G., Wirth, W., Weber, P., & Lischka, J. A. (Hrsg.). (2016.). *Handbuch Werbeforschung*. Wiesbaden: Springer VS.
– Zerfaß, A., & Pfannenberg, J. (2010). *Wertschöpfung durch Kommunikation. Kommunikations-Controlling in der Unternehmenspraxis*. Frankfurt a. M.: Frankfurter Allg. Buch.

Lösungen zu den Übungsaufgaben

Prof. Dr. Thomas Heun

© Springer Fachmedien Wiesbaden GmbH 2017
T. Heun, *Werbung,* Studienwissen kompakt, DOI 10.1007/978-3-658-07127-1_5

5.1   Lösungen zu Kapitel 1

1. Welches kann als Hauptziel von Werbung in der Wirtschaft bezeichnet werden?
   Die Nachfrage nach Leistungen von Unternehmen und Organisationen zu steigern.
2. Welches waren aus Sicht der Werbe**wissenschaft** die entscheidenden Impulse in der Phase der „Professionalisierung der Werbung"?
   Die Entwicklung der ersten Theorie der Werbewirkung („AIDA") durch den Verkäufer Elias St. Elmo Lewis.
3. Wodurch lässt sich die steigende Bedeutung psychologischer Perspektiven für Werbung in der zweiten Hälfte des 20. Jahrhunderts erklären?
   Die gesellschaftlichen Differenzierungsprozesse führen u. a. zu immer spezifischeren Definitionen von Marketingzielgruppen. Methoden und Konzepte der Psychologie ermöglichen ein Verständnis menschlichen „Erleben und Handelns" von Konsumhandlungen und Werbekontakten.

5.2   Lösungen zu Kapitel 2

1. Lesen Sie den untenstehenden Text. Dieser Text ist Teil eines längeren Interviewprotokolls, das im Zuge einer (unveröffentlichten) Studie zu Konsumgewohnheiten von Studierenden entstand. Ziel der Befragungen war es, etwas über das Mediennutzungsverhalten von Studierenden herauszufinden. Ihre Aufgabe ist es, zentrale Insights zu der Mediennutzung des Studierenden zu formulieren. Welche Bedeutung haben Medien in seinem Leben? Was müssen Medien(marken) wissen und verstehen, um seine Aufmerksamkeit für ihre Angebote zu wecken?
   Interview mit Marc B., 24 Jahre, 3. Semester BWL:
   „Fernsehen? Also über den TV-Apparat? Schau' ich nur noch gelegentlich. Ab und zu mal Nachrichten oder Fußballspiele. Serien und Videos schau' ich online. Tageszeitungen und Zeitschriften kaufe ich gar nicht mehr. Wieso auch?! Das, was mir da von Journalisten vorgesetzt wird, das finde ich auch online. Das ist eigentlich auch besser, weil ich da schon näher an die Inhalte rankomme, die mich wirklich interessieren. In Zeitschriften überblättert man doch eh den größten Teil der Geschichten, für die man am Kiosk bezahlt hat."

Lösungen/Auswahl an möglichen Consumer Insights:
- „Wieso sollte ich für Medienangebote noch Geld bezahlen, wenn ich online alles umsonst konsumieren kann?"
- „Ich will Medien so nutzen, dass ich mein eigener Chefredakteur sein kann."
- „Ich weiß am besten, was mich interessiert und was nicht."

2. Jedes Werbeversprechen sollte einen klaren Nutzen/Benefit für Konsumenten enthalten. Ergänzen Sie die Benefits in den untenstehenden fünf Werbeversprechen.
   1. *BMW*: Freude am Fahren (Benefit: **Fahrspaß**)
   2. *Mercedes-Benz*: Wir sind führend in allen Bereichen (Benefit: **hohe Qualität**)
   3. *IKEA*: Modernes Wohndesign für wenig Geld (Benefit: **gutes Preis-Leistungs-Verhältnis**)
   4. *HypoVereinsbank*: Leben Sie, wir kümmern uns um die Details (Benefit: **Entlastung**)
   5. *Dr. Oetker* Pizza-Burger: Außen Pizza, innen Burger (Benefit: **zwei in einem**)
3. Verbinden Sie folgende Reasons Why mit einem passenden Werbeversprechen bzw. Produktbenefit:
   - Wir produzieren seit 1889 (Werbeversprechen/Produktbenefit: wir kennen uns besonders gut aus/langjährige Expertise)
   - Im Holzkohlebackofen gebacken (Werbeversprechen/Produktbenefit: besonders knuspriger Pizzaboden/besondere Genussqualität)
   - Stiftung „Öko Test" „sehr gut" (Werbeversprechen/Produktbenefit: ökologisch korrekt produziert/besonders natürlich)
   - Der Motor hat 225 PS (Werbeversprechen/Produktbenefit: ermöglicht besonders schnelles u. „sportliches" Fahren/Fahrfreude)
   - Freies WLan für **alle** Reisenden (Werbeversprechen/Produktbenefit: viele Extras inklusive/attraktives Preis-Leistung-Verhältnis/online auch während der Reise)
4. Nennen Sie mindestens vier Erfolgsfaktoren von WOM.
   - Attraktivität,
   - Relevanz und
   - Unterhaltungswert der Inhalte
   - Quantität und Qualität der Sozialen Netzwerke

5.3 Lösungen zu Kapitel 3

1. Welche zwei fundamentalen Perspektivwechsel kennzeichnen den Ansatz von Burcher?
   - Er trägt den durch die Digitalisierung gestiegenen Möglichkeiten der Gestaltung und Verbreitung von Werbung Rechnung.
   - Sein Konzept würdigt den Bedeutungszuwachs der Mediennutzer bei der Weiterverbreitung von Inhalten.
2. Welche generellen Erfolgsfaktoren von Werbung gilt es bei der Konzeption von Werbung zu beachten?

Als generelle Erfolgsfaktoren von Werbekonzepten gelten insbesondere folgende Faktoren:

- Kreativität
- Aufmerksamkeitsstärke
- Schnelle Verständlichkeit
- Nachvollziehbare Dramaturgie
- Passung in das Umfeld
- Relevanz für die Zielgruppe
- Glaubwürdigkeit
- Angemessene Tonalität
- Möglichkeit zur Interaktion
- Klarheit des Call to Action

3. Welche drei Ziele werden mit der Entwicklung von Abverkaufswerbung verbunden?

- Aufmerksamkeit für Produkte oder Dienstleistungen (und weniger für Marken) erzielen
- Konsumenten über Produkte und ihre (Sonder-)Preise informieren
- Unmittelbare Kaufimpulse auslösen

4. Was sollte bei der Gestaltung von Apps im Vordergrund stehen?

Der Nutzen der App sollte im Vordergrund stehen, um die Chance auf den Download der App zu erhöhen.

5. Was für ein Phänomen wird unter dem Konzept der „Bannerblindheit" subsummiert?

Als Bannerblindheit beschreibt Benway (1999) die Tendenz von Internetnutzern, die an den Seitenrändern von Websites auftauchenden Banner zu ignorieren bzw. „auszublenden".

6. Wieso bietet sich insbesondere die Bewegtbildwerbung für den Transport von differenzierten Markenbotschaften an?

Bewegtbildwerbung erlaubt die Ansprache mehrerer Sinne über einen längeren Zeitraum.

7. Erklären Sie, wieso sich der Begriff „Content" im Bereich der digitalen Markenkommunikation etablieren konnte.

Digitale Markenkommunikation hat heute einen weniger werblichen Charakter. Oft wird versucht, Markenkommunikation wie redaktionellen Content (unterhaltend oder informativ) wirken zu lassen.

8. Welche drei Ziele werden mit Experiential Advertising verbunden?

- Die Beziehung zur Zielgruppe intensivieren/emotionalisieren.
- Jüngere Zielgruppen erreichen, aktivieren und zum Weitererzählen von Erlebnissen animieren.
- Konsumenten unmittelbar in Kontakt mit einer Marke und ihren Produkten bringen.

9. Was ist die Grundidee hinter dem Konzept der Heritagewerbung?
   Der Grundgedanke dieses Werbekonzepts basiert auf der Übertragung von Werten und Qualitäten von Regionen oder Kulturen auf Marken.
10. Humor in der Werbung bietet die Möglichkeit, ein vergleichsweise hohes Maß an Aufmerksamkeit zu erzielen. Worin besteht gleichzeitig die Gefahr?
    Wird Humor als reiner Aufmerksamkeitsanker genutzt, droht ein Scheitern der Absenderidentifikation und des Verständnisses, worum es in dieser „witzigen Werbung" überhaupt ging.
11. Wieso wird Imagewerbung auch als „Königsdisziplin" der Werbung bezeichnet?
    Imagewerbung wird oft als eine Art „Königsdisziplin" der Werbung bezeichnet, da sie die Möglichkeit der „freien" Markenprofilierung jenseits zusätzlicher Anforderungen bietet.
12. Was für ein Effekt stellt sich ein, wenn eine Marke in der Werbung (erfolgreich) mit kulturellen Schemata verbunden wird?
    Es werden beiläufig Assoziationsketten aktiviert. Zudem wird die Marke als Teil einer bestimmten Kultur/Tradition positioniert.
13. Welche drei Ziele werden mit der Entwicklung von Produktwerbung verbunden?
    - Generierung von Aufmerksamkeit für bestimmte Produkte.
    - Transport von bestimmten Produkteigenschaften.
    - Stimulierung von Impulskäufen.
14. Was ist ein „Call-to-Action"?
    Eine direkte Handlungsaufforderung an die Adressaten als Teil der Werbebotschaft.
15. Wieso wird das Radio oft auch als „Nebenbeimedium" bezeichnet?
    Radio wird zwar flächendeckend genutzt, diese Nutzung findet aber eher selten unter einer dem Medium zugewandten Aufmerksamkeit, sondern häufig parallel zu anderen Aktivitäten wie z. B. Autofahren statt.
16. Was erhoffen sich Unternehmen durch die Verwendung von prominenten Testimonials in der Werbung?
    Neben der Generierung einer überdurchschnittlichen Aufmerksamkeit erhoffen sie sich einen Sympathie- und Kompetenztransfer vom Testimonial auf die Marke.

5.4 Lösungen zu Kapitel 4

1. Wieso gilt das AIDA-Modell heute als widerlegt?
   Werbewirkung lässt sich auch jenseits des linearen Durchlaufens der vier Stufen Attention → Interest → Desire → Action feststellen.
2. Schildern Sie kurz die Grundannahmen der Theorie der kognitiven Dissonanz.
   Hierbei handelt es sich um ein selektives, menschliches Informations- und Wahrnehmungsverhalten, welches darauf aus ist, Zustände des seelischen Ungleichgewichts zu vermeiden bzw. zu überwinden.

3. Welches Wirkungsphänomen wird durch den Primary-Recency-Effekt beschrieben?

   Werbemittel, die am Anfang oder am Ende eines Medienprodukts (z. B. Zeitschrift) oder von Werbeblöcken platziert werden, haben größere Chancen, Wirkung zu zeigen.

4. Beschreiben Sie kurz die besondere „Leistung" des Involvement-Konzepts für die Werbeforschung.

   Das Involvement-Konzept ist Ausdruck einer stärkeren Empfängerorientierung in Werbetheorie und -forschung. Darüber hinaus ermöglicht es die Differenzierung zwischen unterschiedlichen Arten der Zuwendung zu Produkten-, Medien- und Werbemitteln in Abhängigkeit der besonderen Rahmenbedingungen der Rezeption (Situationsinvolvement).

5. Welche Bedeutung haben Werbewirkungsindikatoren?

   Werbewirkungsindikatoren erlauben die Operationalisierung von theoretischen Konzepten und machen Effekte von Werbung konkret erforschbar.

6. Wieso werden Pretests oft „biotisch" angelegt?

   Mit der biotischen Testanlage wird versucht, eine möglichst alltagsnahe Situation des Werbemittelkontakts im Rahmen einer laborativen Testsituation zu gestalten.

7. Erklären Sie kurz den Unterschied zwischen Pre- und Posttest.

   Pretestverfahren eignen sich zur Erforschung der Kommunikationsleistung von Werbemitteln vor der Schaltung. Posttestverfahren eignen sich zur Erforschung der Kommunikationsleistung von Werbemitteln während bzw. nach der Schaltung.

8. Was ist die Idee hinter der besonderen Stichprobenanlage (in mehreren „Befragungswellen") von Trackingstudien?

   Hiermit wird die Idee verbunden, die Entwicklung des Wirkungsverlaufs auf der Basis von Befragungsdaten nachzuvollziehen.

9. Welche Funktion hat das kontinuierliche „Nachhaken" mittels Fragen im Rahmen von qualitativ-psychologischen Interviews?

   Nachfragen eignen sich, um „hinter" spontane Rationalisierungen im Antwortverhalten zu gelangen. Das Nachhaken ermöglicht dabei nicht nur die „Aushebelung" rationaler Kontrollmechanismen, sondern auch das Vordringen zu unbewussten Motiven von Konsumenten.

10. In welchen Fällen eignet sich der Einsatz von projektiven Verfahren in der Marketingforschung?

    Der Einsatz von projektiven Verfahren eignet sich z. B. bei Themen, über die Testpersonen mit fremden Personen eher ungern sprechen.

Serviceteil

Der Abschnitt „Tipps fürs Studium und fürs Lernen" wurde von Andrea Hüttmann verfasst.

© Springer Fachmedien Wiesbaden GmbH 2017
T. Heun, *Werbung*, Studienwissen kompakt, DOI 10.1007/978-3-658-07127-1

Tipps fürs Studium und fürs Lernen

- **Studieren Sie!**

Studieren erfordert ein anderes Lernen, als Sie es aus der Schule kennen. Studieren bedeutet, in Materie abzutauchen, sich intensiv mit Sachverhalten auseinanderzusetzen, Dinge in der Tiefe zu durchdringen. Studieren bedeutet auch, Eigeninitiative zu übernehmen, selbstständig zu arbeiten, sich autonom Ziele zu setzen, anstatt auf konkrete Arbeitsaufträge zu warten. Ein Studium erfolgreich abzuschließen erfordert die Fähigkeit, der Lebensphase und der Institution angemessene effektive Verhaltensweisen zu entwickeln – hierzu gehören u. a. funktionierende Lern- und Prüfungsstrategien, ein gelungenes Zeitmanagement, eine gesunde Portion Mut und viel pro-aktiver Gestaltungswille. Im Folgenden finden Sie einige erfolgserprobte Tipps, die Ihnen beim Studieren Orientierung geben, einen grafischen Überblick dazu zeigt ◼ Abb. A.1.

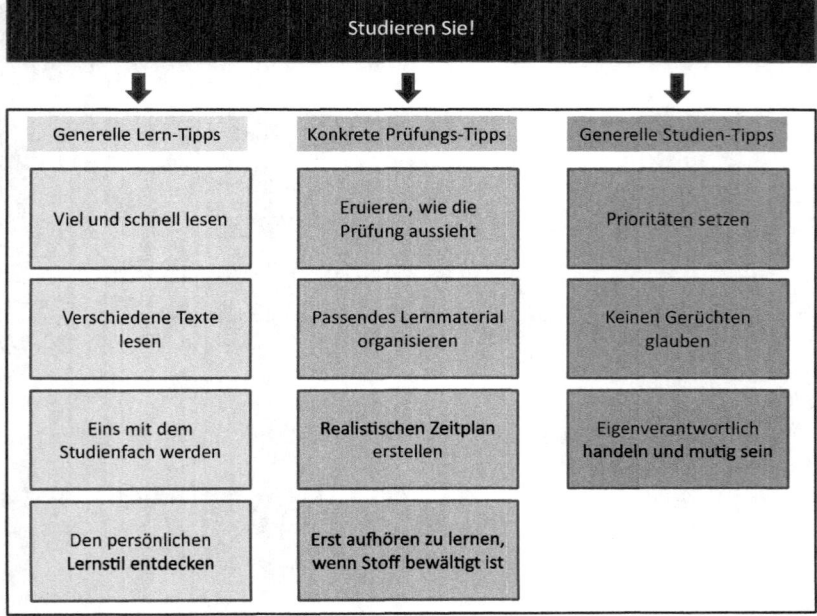

◼ **Abb. A.1** Tipps im Überblick

Lesen Sie viel und schnell

Studieren bedeutet, wie oben beschrieben, in Materie abzutauchen. Dies gelingt uns am besten, indem wir zunächst einfach nur viel lesen. Von der Lernmethode – lesen, unterstreichen, heraus schreiben – wie wir sie meist in der Schule praktizieren, müssen wir uns im Studium verabschieden. Sie dauert zu lange und raubt uns kostbare Zeit, die wir besser in Lesen investieren sollten. Selbstverständlich macht es Sinn, sich hier und da Dinge zu notieren oder mit anderen zu diskutieren. Das systematische Verfassen von eigenen Text-Abschriften aber ist im Studium – zumindest flächendeckend – keine empfehlenswerte Methode mehr. Mehr und schneller lesen schon eher …

Werden Sie eins mit Ihrem Studienfach

Jenseits allen Pragmatismus sollten wir uns als Studierende eines Faches – in der Summe – zutiefst für dieses interessieren. Ein brennendes Interesse muss nicht unbedingt von Anfang an bestehen, sollte aber im Laufe eines Studiums entfacht werden. Bitte warten Sie aber nicht in Passivhaltung darauf, begeistert zu werden, sondern sorgen Sie selbst dafür, dass Ihr Studienfach Sie etwas angeht. In der Regel entsteht Begeisterung, wenn wir die zu studierenden Inhalte mit lebensnahen Themen kombinieren: Wenn wir etwa Zeitungen und Fachzeitschriften lesen, verstehen wir, welche Rolle die von uns studierten Inhalte im aktuellen Zeitgeschehen spielen und welchen Trends sie unterliegen; wenn wir Praktika machen, erfahren wir, dass wir mit unserem Know-how – oft auch schon nach wenigen Semestern – Wertvolles beitragen können. Nicht zuletzt: Dinge machen in der Regel Freude, wenn wir sie beherrschen. Vor dem Beherrschen kommt das Engagement: Engagieren Sie sich also und werden Sie eins mit Ihrem Studienfach!

Entdecken Sie Ihren persönlichen Lernstil

Jenseits einiger allgemein gültiger Lern-Empfehlungen muss jeder Studierende für sich selbst herausfinden, wann, wo und wie er am effektivsten lernen kann. Es gibt die Lerchen, die sich morgens am besten konzentrieren können, und die Eulen, die ihre Lernphasen in den Abend und die Nacht verlagern. Es gibt die visuellen Lerntypen, die am liebsten Dinge aufschreiben und sich anschauen; es gibt auditive Lerntypen, die etwa Hörbücher oder eigene Sprachaufzeichnungen verwenden. Manche bevorzugen Karteikarten verschiedener Größen, andere fertigen sich auf Flipchart-Bögen Übersichtsdarstellungen an, einige können während des Spazierengehens am besten auswendig lernen, andere tun dies in einer Hängematte. Es ist egal, wo und wie Sie lernen. Wichtig ist, dass Sie einen für sich effektiven Lernstil ausfindig machen und diesem – unabhängig von Kommentaren Dritter – treu bleiben.

Bringen Sie in Erfahrung, wie die bevorstehende Prüfung aussieht

Die Art und Weise einer Prüfungsvorbereitung hängt in hohem Maße von der Art und Weise der bevorstehenden Prüfung ab. Es ist daher unerlässlich, sich immer wieder bezüglich des Prüfungstyps zu informieren. Wird auswendig Gelerntes abgefragt? Ist Wissenstransfer gefragt? Muss man selbstständig Sachverhalte darstellen? Ist der Blick über den Tellerrand gefragt? Fragen Sie Ihre Dozenten. Sie müssen Ihnen zwar keine Antwort geben, doch die meisten Dozenten freuen sich über schlau formulierte Fragen, die das Interesse der Studierenden bescheinigen und werden Ihnen in irgendeiner Form Hinweise geben. Fragen Sie Studierende höherer Semester. Es gibt immer eine Möglichkeit, Dinge in Erfahrung zu bringen. Ob Sie es anstellen und wie, hängt von dem Ausmaß Ihres Mutes und Ihrer Pro-Aktivität ab.

Decken Sie sich mit passendem Lernmaterial ein

Wenn Sie wissen, welcher Art die bevorstehende Prüfung ist, haben Sie bereits viel gewonnen. Jetzt brauchen Sie noch Lernmaterialien, mit denen Sie arbeiten können. Bitte verwenden Sie niemals die Aufzeichnungen Anderer – sie sind inhaltlich unzuverlässig und nicht aus Ihrem Kopf heraus entstanden. Wählen Sie Materialien, auf die Sie sich verlassen können und zu denen Sie einen Zugang finden. In der Regel empfiehlt sich eine Mischung – für eine normale Semesterabschlussklausur wären das z. B. Ihre Vorlesungs-Mitschriften, ein bis zwei einschlägige Bücher zum Thema (idealerweise eines von dem Dozenten, der die Klausur stellt), ein Nachschlagewerk (heute häufig online einzusehen), eventuell prüfungsvorbereitende Bücher, etwa aus der Lehrbuchsammlung Ihrer Universitätsbibliothek.

Erstellen Sie einen realistischen Zeitplan

Ein realistischer Zeitplan ist ein fester Bestandteil einer soliden Prüfungsvorbereitung. Gehen Sie das Thema pragmatisch an und beantworten Sie folgende Fragen: Wie viele

Wochen bleiben mir bis zur Klausur? An wie vielen Tagen pro Woche habe ich (realistisch) wie viel Zeit zur Vorbereitung dieser Klausur? (An dem Punkt erschreckt und ernüchtert man zugleich, da stets nicht annähernd so viel Zeit zur Verfügung steht, wie man zu brauchen meint.) Wenn Sie wissen, wie viele Stunden Ihnen zur Vorbereitung zur Verfügung stehen, legen Sie fest, in welchem Zeitfenster Sie welchen Stoff bearbeiten. Nun tragen Sie Ihre Vorhaben in Ihren Zeitplan ein und schauen, wie Sie damit klar kommen. Wenn sich ein Zeitplan als nicht machbar herausstellt, verändern Sie ihn. Aber arbeiten Sie niemals ohne Zeitplan!

Beenden Sie Ihre Lernphase erst, wenn der Stoff bewältigt ist

Eine Lernphase ist erst beendet, wenn der Stoff, den Sie in dieser Einheit bewältigen wollten, auch bewältigt ist. Die meisten Studierenden sind hier zu milde im Umgang mit sich selbst und orientieren sich exklusiv an der Zeit. Das Zeitfenster, das Sie für eine bestimmte Menge an Stoff reserviert haben, ist aber nur ein Parameter Ihres Plans. Der andere Parameter ist der Stoff. Und eine Lerneinheit ist erst beendet, wenn Sie das, was Sie erreichen wollten, erreicht haben. Seien Sie hier sehr diszipliniert und streng mit sich selbst. Wenn Sie wissen, dass Sie nicht aufstehen dürfen, wenn die Zeit abgelaufen ist, sondern erst wenn das inhaltliche Pensum erledigt ist, werden Sie konzentrierter und schneller arbeiten.

Setzen Sie Prioritäten

Sie müssen im Studium Prioritäten setzen, denn Sie können nicht für alle Fächer denselben immensen Zeitaufwand betreiben. Professoren und Dozenten haben die Angewohnheit, die von ihnen unterrichteten Fächer als die bedeutsamsten überhaupt anzusehen. Entsprechend wird jeder Lehrende mit einer unerfüllbaren Erwartungshaltung bezüglich Ihrer Begleitstudien an Sie herantreten. Bleiben Sie hier ganz nüchtern und stellen Sie sich folgende Fragen: Welche Klausuren muss ich in diesem Semester bestehen? In welchen sind mir gute Noten wirklich wichtig? Welche Fächer interessieren mich am meisten bzw. sind am bedeutsamsten für die Gesamtzusammenhänge meines Studiums? Nicht zuletzt: Wo bekomme ich die meisten Credits? Je nachdem, wie Sie diese Fragen beantworten, wird Ihr Engagement in der Prüfungsvorbereitung ausfallen. Entscheidungen dieser Art sind im Studium keine böswilligen Demonstrationen von Desinteresse, sondern schlicht und einfach überlebensnotwendig.

Glauben Sie keinen Gerüchten

Es werden an kaum einem Ort so viele Gerüchte gehandelt wie an Hochschulen – Studierende lieben es, Durchfallquoten, von denen Sie gehört haben, jeweils um 10–15 % zu erhöhen, Geschichten aus mündlichen Prüfungen in Gruselgeschichten zu verwandeln und Informationen des Prüfungsamtes zu verdrehen. Glauben Sie nichts von diesen Dingen und holen Sie sich alle wichtigen Informationen dort, wo man Ihnen qualifiziert und zuverlässig Antworten erteilt. 95 % der Geschichten, die man sich an Hochschulen erzählt, sind schlichtweg erfunden und das Ergebnis von ‚Stiller Post'.

Handeln Sie eigenverantwortlich und seien Sie mutig

Eigenverantwortung und Mut sind Grundhaltungen, die sich im Studium mehr als auszahlen. Als Studierende verfügen Sie über viel mehr Freiheit als als Schüler: Sie müssen nicht immer anwesend sein, niemand ist von Ihnen persönlich enttäuscht, wenn Sie eine Prüfung nicht bestehen, keiner hält Ihnen eine Moralpredigt, wenn Sie Ihre Hausaufgaben nicht gemacht haben, es ist niemandes Job, sich darum zu kümmern, dass Sie klar kommen. Ob Sie also erfolgreich studieren oder nicht, ist für niemanden von Belang außer für Sie selbst. Folglich wird nur der eine Hochschule erfolgreich verlassen, dem es gelingt, in voller Überzeugung eigenverantwortlich zu handeln. Die Fähigkeit zur Selbstführung ist daher der Soft Skill, von dem Hochschulabsolventen in ihrem späteren Leben am meisten profitieren. Zugleich sind Hochschulen Institutionen, die vielen Studierenden ein Übermaß an Respekt einflößen: Professoren werden nicht unbedingt als vertrauliche Ansprechpartner gesehen, die Masse an Stoff scheint nicht zu bewältigen, die Institution mit ihren vielen Ämtern, Gremien und Prüfungsordnungen nicht zu durchschauen. Wer sich aber einschüchtern lässt, zieht den Kürzeren. Es gilt, Mut zu entwickeln, sich seinen eigenen Weg zu bahnen, mit gesundem Selbstvertrauen voranzuschreiten und auch in Prüfungen eine pro-aktive Haltung an den Tag zu legen. Unmengen an Menschen vor Ihnen haben diesen Weg erfolgreich beschritten. Auch Sie werden das schaffen!

Andrea Hüttmann ist Professorin an der accadis Hochschule Bad Homburg, Leiterin des Fachbereichs „Communication Skills" und Expertin für die Soft-Skill-Ausbildung der Studierenden. Sie ist Autorin des bei Springer Gabler erschienenen Buches „Erfolgreich studieren mit Soft Skills". Als Coach ist sie auch auf dem freien Markt tätig und begleitet Unternehmen, Privatpersonen und Studierende bei Veränderungsvorhaben und Entwicklungswünschen (► www.andrea-huettmann.de).

Glossar

Adbusting Verfremdung von Werbemitteln, um die intendierte Werbebotschaft zu verändern bzw. zu konterkarieren

Ad Impression Werbemittelkontakt zu Online-Werbemitteln

Advertorial Anzeige in einem Printmedium, die durch die gestalterische Angleichung an diese Printpublikation weniger als werbliche denn als redaktionelle Seite wahrgenommen werden soll (s. auch Native Advertising)

Affiliate Marketing Vertreiben von digitalen Werbemitteln über Online-Vermarkter und deren Netzwerk aus Partnerseiten

Audio-Logo Ein bestimmte Tonfolge oder Melodie, die fest an eine bestimmte Marke und ihre Werbung gekoppelt ist

Benefit Nutzen, der für Menschen aus dem Konsum eines Produkts oder einer Marke resultiert

Body Copy Textbaustein in einer Printanzeige, der die Möglichkeit zur Ergänzung vielfältiger Informationen unterhalb der Headline bietet

Branded Content Mediale Inhalte wie z. B. Filme, deren werblicher Charakter über die Nennung bzw. Einbindung von Markenlogos zu erkennen ist

Brand Purpose Gute Absicht der Marke mit Blick auf gesellschaftliche, ökologische oder soziale Ziele

Business-to-Business Marketing- und Werbeaktivitäten, die sich von einem (werbetreiben-

den) Unternehmen an andere Unternehmen richten (auch „B2B" oder „B-to-B")

Business-to-Consumer Marketing- und Werbeaktivitäten, die sich von einem (werbetreibenden) Unternehmen an Privathaushalte richten (auch „B2C" oder „B-to-C")

Call-to-Action Eine Aufforderung, eine bestimmte Handlung, wie z. B. den Produktkauf, auszuführen

Consumer Insight Zentrale Erkenntnis zu einer Motivation der Zielgruppe, etwas zu konsumieren oder etwas nicht zu konsumieren

Content Seeding Die Erzielung von Reichweite über virale Verbreitungseffekte (engl. „seeding" = aussähen)

Creative Brief Strategieformular, welches für das Briefing der Kreativabteilung einer Werbeagentur im Prozess der Entwicklung von Werbung genutzt wird

Crossmediale Planung Planung von Werbung unter Einbeziehung unterschiedlicher Werbeträger/Mediengattungen

Customer Journey Kaufprozess von Kunden, vom ersten Impuls bis zum Kaufakt

Customer Touchpoint Kontaktpunkt zwischen Marke und Konsument

Customer-Touchpoint-Analyse Analyse und Darstellung der Kontaktpunkte zwischen Konsument und Marke

Desired Brand Belief Positionierung der Marke in den Köpfen der Zielgruppe nach dem Werbekontakt („Was denken sie nun über die Marke?")

Event Marketing Förderung des Absatzes durch Veranstaltungen, in deren Rahmen der direkte Kontakt für unmittelbare Markenerlebnisse genutzt werden kann

Experiential Advertising Werbeformen, bei denen das Schaffen von durch die Marke vermittelten Erlebnissen (z. B. im Rahmen von Events) im Vordergrund steht

Grundnutzen Der grundlegende, funktionale Nutzen einer Marke, eines Produkts oder einer Dienstleistung (z. B. ein BMW transportiert Fahrer vergleichsweise schnell von A nach B)

Headline Die zentrale Überschrift auf einem Werbemittel (Print, Plakat, Banner etc.)

Individualisierung Prozess der zunehmenden Betonung individueller Lebensführung in der Gesellschaft gegenüber Gruppenzugehörigkeiten (wie z. B. Familie)

Influencerwerbung Werbung, die die Popularität von Influencern in digitalen Medien nutzt, um die Reichweite der Marke durch die Influencer und ihre Beiträge in Social Networks zu erhöhen

Information Overload Zustand der mentalen Überforderung durch eine Fülle von Informationen

Integrierte Kommunikation Anspruch der Kommunikation einer zentralen Werbe- oder Markenbotschaft über alle Werbeträger

Involvement Ausmaß der „Ich-Beteiligung" bzw. Zuwendung der Adressaten zu einem Werbemittel

Kampagne Zeitlich und inhaltlich aufeinander abgestimmte unterschiedliche Werbemaßnahmen, die alle demselben übergeordneten Zweck dienen

Key Visual Auch zentrales Bildmotiv, welches insbesondere bei Print-Anzeigen und Plakaten, aber auch im Bereich Bewegtbild für eine Konzentration der Aufmerksamkeit (gegenüber mehreren Bildern) im Sinne eines „Inneren Markenbilds" sorgen soll

Marke Der Versuch, Produkte oder Dienstleistungen mittels sinnlich erfahrbarer Maßnahmen (Farben, Formen, Gerüche) zu markieren und von Wettbewerbsprodukten oder Dienstleistungen zu unterscheiden

Markencharakter Beschreibt die sinnlich erfahrbaren Eigenschaften einer Marke, als würde es sich um eine Person handeln

Markenimage Das Bild einer Marke bzw. Vorstellungen/Assoziationen zu einer Marke auf Seiten der Konsumenten

Markenpersönlichkeit Definition der Marke, als wäre sie eine Person, anhand von Charaktereigenschaften, Werthaltungen u. Einstellungen

Markenpositionierung Positionierung einer Marke zwecks Erreichung strategischer Markenziele (z. B. neue Zielgruppen erreichen)

Markenversprechen Zentrale, benefitorientierte Aussage der Marke in der Markenkommunikation

Moodboard Eine Bildercollage, die eine bestimmte Stimmung oder auch ein Zielgruppenbild vermitteln soll

Native Advertising Werbung, die durch die gestalterische Angleichung an das Medienumfeld, in dem sie platziert wurde, optisch eher eine redaktionelle denn ein werbliche Anmutung hat (s. auch Advertorial)

Persona Beschreibung eines fiktiven und idealtypischen Menschen aus der Zielgruppe

Positioningstatement Strategische Aussage einer Marke, die ihre Positionierungsabsicht erlebbar macht

Posttest Testverfahren der Werbeforschung, die während oder nach der Schaltung von Werbung in Werbemedien zum Einsatz kommen

Pretest Bezeichnet Testverfahren der Werbeforschung, die vor dem Einsatz der jeweiligen Werbemotive/der Werbeschaltung „on Air" zum Einsatz kommen

Primärforschung Durchführung einer eigenen Studie/„primäre" Erhebung und Analyse von Daten

Product Placement Die Platzierung von Produkten der Marke im Rahmen von redaktionellem oder werblichem Content

Produktheroe Auch Heroeprodukt im Sinne eines herausragenden Produkts innerhalb des Produktportfolios der Marke

Programmatic Advertising Verkauf von (digitalen) Werbeplätzen in Form von Auktionen, aus der eine automatische und an Nutzerprofile angepasste Ausspielung von werblichen Inhalten bzw. Kaufangeboten resultiert

Projektiver Verwender Projektion des Bilds eines ideal- bzw. stereotypischen Zielgruppenbilds

Promise Zentrales Werbeversprechen

Psychografische Merkmale Merkmale von Personen, die von Vorlieben, Präferenzen und mentalen Dispositionen abhängen (z. B. Konsum- u. Freizeitverhalten, Einstellungen)

Qualitative Methoden Empirische Forschungsmethoden, bei denen es eher um die Gewinnung erster Informationen und ein Grundverständnis geht, gekennzeichnet durch einen geringen Strukturierungsgrad

Quantitative Methoden Empirische Forschungsmethoden, bei denen Quantifizierungen und statistische Analysen im Fokus stehen, zeichnen sich zudem durch ihren hohen Grad der Strukturierung und Standardisierung (z. B. Fragebogen) aus

Reason Why Begründung, die Werbeversprechen glaubwürdiger wirken lassen soll

Reichweite Anteil der Menschen in % (einer Grundgesamtheit), die von einer bestimmten Werbemaßnahme mindestens einmal erreicht wurden

Sekundäranalysen (Sekundäre) Analyse von Daten, die andere erhoben haben

Sex Sells Klassisches Werbekonzept, welches sich der Aktivierung von Zielgruppen über die Abbildung körperlich attraktiver Menschen und/oder erotischer Darstellungen bedient

Social Media Monitoring Quantitative Methode zur Aggregation von in sozialen Netzwerken generierten Daten

Soziodemografische Merkmale Persönliche Merkmale wie Alter, Geschlecht oder Schulbildung, die nicht von aktuellem Verhalten oder mentalen Dispositionen abhängen

Sponsoring Unterstützung von anderen Marken, Künstlern, Sportlern oder Events, die zu einer erhöhten Sichtbarkeit der Marke, in der Regel über die Einbindung bzw. Abbildung von Markenlogos, führt

Storytelling Das Konzept des Erzählens von Geschichten mit dem Ziel der Steigerung des Werbeinvolvements

Streuverlust Ausmaß, in dem Werbung Gruppen erreicht, die nicht zur Werbezielgruppe gehören

Subline Eine eher kleine Textüberschrift oder -unterschrift (oft in Ergänzung zur Headline) in einer Printanzeige

Teilnehmende Beobachtung Forschungsmethode, bei der es darum geht, Verhalten von Menschen in einem sozialen/kulturellen Zusammenhang zu beobachten (und zu verstehen)

Tiefeninterview Befragungsmethode, bei der es darum geht, mittels Fragetechniken Unbewusstes zu Tage zu fördern

Touchpoint s. Customer Touchpoint

Unique Impressions Netto-Reichweite von Online-Werbemitteln auf Basis von IP-Adressen

Werbefigur Eine exklusiv für die Werbung entwickelte Fantasiefigur, welche eine bestimmte Rolle in der Werbung der Marke übernimmt und fortlaufend auftritt

Werbekanal s. Werbeträger

Werbekonzept Systematische und inhaltliche Lösungsansätze zwecks Erreichung werblicher Ziele

Werbemittel Die konkrete Werbung in Form einer Anzeige, eines TV-Spots o. Ä.

Werbeträger Das die Werbung transportierende Medium (TV, Online, Print etc.)

Werbeversprechen Zentrale Botschaft einer Werbung in Richtung der Adressaten

Werbewirkung Was Werbung tatsächlich erreicht (z. B. Aufmerksamkeit, Sympathie, mehr verkaufte Produkte)

Werbewirtschaft Branche der auf die Erstellung oder Verbreitung von Werbung spezialisierten Unternehmen

Werbeziele Konkrete Dinge, die durch die Werbeaktivitäten erreicht werden sollen

Werbung Versuch der Absatzförderung durch Maßnahmen der Unternehmenskommunikation

Zielgruppe Eine Gruppe von Menschen, an die sich die Werbung richtet bzw. die mit der Werbung erreicht werden soll

Zusatznutzen Der emotionale oder soziale Nutzen einer Marke, eines Produkts oder einer Dienstleistung. Resultiert in der Regel aus dem Grundnutzen (z. B. Grundnutzen: BMW transportiert Fahrer vergleichsweise schnell von A nach B; Zusatznutzen: schnell fahren macht Spaß)

Literatur

Aaker, J. L. (1997). Dimensions of Brand Personality. *Journal of Marketing Research, 34*(3), 347–356.

Baetzgen, A., & Tropp, J. (Hrsg.). (2013). *Brand Content. Die Marke als Medienereignis.* Stuttgart: Schäffer-Poeschel.

Ballantine's (2015). Ballantine's presents INSA's Space GIF-Ti. https://www.youtube.com/watch?v=yXtSnq-Nvro. Zugegriffen: 25. Juli 2016.

Bennett, C. M., Baird, A. A., Miller, M. B., & Wolford, G. L. (2009). Neural correlates of interspecies perspective taking in the post-mortem Atlantic Salmon: An argument for multiple comparisons correction. *Neuroimage, 47*, 125. http://prefrontal.org/files/posters/Bennett-Salmon-2009.pdf. Zugegriffen: 27. Februar 2017.

Benway, J. P. (1999). *Banner blindness: What searching users notice and do not notice on the World Wide Web.* Houston: Rice University.

Bild GmbH & Co. KG (o. J.). *7 Gründe, warum Native Advertising bei BILD rockt!* http://www.bild.de/partner/brandstory/bild-de/7-gruende-fuer-brand-story-bei-bild-45944732.bild.html. Zugegriffen: 12. Juni 2016.

Brennan, M., & Esslemont, D. (1994). The accuracy of the Juster Scale for predicting purchase rates of branded, fast-moving consumer goods. *Marketing Bulletin, 5*, 47–52.

Broadbent, S. (1992). *456 views of how advertising works. And what, if anything, they tell us.* London: Leo Burnett Limited.

Brosius, H.-B. (1997). *Modelle und Ansätze der Medienwirkungsforschung.* Bonn: ZV.

Bruhn, M. (2004). *Marketing. Grundlagen für Studium und Praxis* (7. Aufl.). Wiesbaden: Springer Gabler.

Burcher, N. (2012). *Paid – Owned – Earned.* London: Kogan Page.

Burkart, R. (1995). *Kommunikationswissenschaft. Grundlagen und Problemfelder* (2. Aufl.). Wien: Böhlau.

Burmann, C., & Meffert, H. (2005). Managementkonzept der identitätsorientierten Markenführung. In H. Meffert, C. Burmann & M. Koers (Hrsg.), *Markenmanagement. Identitätsorientierte Markenführung und praktische Umsetzung* (2. Aufl. S. 73–113). Wiesbaden: Gabler.

Burmann, C., Blinda, L., & Nitschke, A. (2003). *Konzeptionelle Grundlagen des identitätsbasierten Markenmanagements.* Bremen: LIM.

Copypress (o. J.). 2013 – *State of Content Marketing.* http://www.copypress.com/White_Paper.pdf. Zugegriffen: 21. Februar 2017.

Crowdtap (2015). The State of Influencer-Marketing. http://corp.crowdtap.com/resources. Zugegriffen: 21. Oktober 2016.

Dammer, I., & Szymkowiak, F. (2008). *Gruppendiskussionen in der Marktforschung.* Köln: Rheingold.

Deutsche Post Direkt (o. J.). *Deutsche Post Direkt – Ihr Adress-Spezialist.* https://www.deutschepost.de/de/d/deutsche-post-direkt.html. Zugegriffen: 23. August 2016.

Doering, B. (1999). Frühe Warenwerbung im Spannungsfeld zwischen Kunst und Kommerz. In S. Baumeln & B. Brock (Hrsg.), *Die Kunst zu werben. Das Jahrhundert der Reklame* (S. 190–197). Ostfildern: Dumont.

Domizlaff, H. (1939). *Die Gewinnung des öffentlichen Vertrauens. Ein Lehrbuch der Markentechnik.* Hamburg: Hanseatische Verlagsanstalt.

Döring, B. (1996). Frühe Warenwerbung im Spannungsfeld zwischen Kunst und Kommerz. In S. Bäumler (Hrsg.), *Die Kunst zu Werben. Das Jahrhundert der Reklame* (S. 190–197). Köln: Dumont.

Eskilson, S. (1964). *Graphic Design. A new History*. New Haven: Yale University Press.

Esser, H. (2001). *Sinn und Kultur*. Soziologie. Spezielle Grundlagen, Bd. 6. Frankfurt a. M.: Campus.

Facebook (o. J.). *The BASE Berlin*. https://www.facebook.com/thebaseberlin/?fref=ts. Zugegriffen: 21. Februar 2017.

Felser, G. (1997). *Werbe- und Konsumentenpsychologie. Eine Einführung*. Stuttgart: Schäffer-Poeschel.

Felser, G. (2001). *Werbe- und Konsumentenpsychologie* (2. Aufl.). Stuttgart: Schäffer-Poeschel.

Festinger, L. (1957). *A Theory of Cognitive Dissonance*. Stanford: Stanford University Press.

Freytag, B. (2013). Die Stimme für das Müsli. http://www.faz.net/aktuell/wirtschaft/unternehmen/seitenbacher-die-stimme-fuer-das-muesli-12085247.html (Erstellt: 19. Februar 2013).. Zugegriffen: 21. Februar 2017.

Geertz, C. (1991). *Dichte Beschreibung*. Frankfurt a. M.: Suhrkamp.

Geuens, M., & de Pelsmaker, P. (2002). *The role of humor in the persuasion of individuals varying in Need for Cognition*. Arbeitspapier der Faculteit Economie en Bedrijfskunde, Bd. 143. Gent: Universiteit Gent.

Granovetter, M. S. (1973). The strength of weak ties. *The American Journal of Sociology, 78*(6), 1360–1380.

Hasler, F. (2015). *Neuromythologie. Eine Streitschrift gegen die Deutungsmacht der Hirnforschung*. Bielefeld: Transcript.

Häusel, H.-G. (Hrsg.). (2014). *Neuromarketing. Erkenntnisse der Hirnforschung für Markenführung, Werbung und Verkauf*. Freiburg: Haufe.

Herbst, G. D. (2014). Digital Brand Storytelling – Geschichten am digitalen Lagerfeuer? In S. Dänzler & T. Heun (Hrsg.), *Marke und digitale Medien. Der Wandel des Markenkonzepts im 21. Jahrhundert* (S. 223–242). Wiesbaden: Springer Gabler.

Heun, T. (2009). Marke und Kultur. Chancen einer kulturalistischen Perspektive auf Marken. *Sozialwissenschaft und Berufspraxis, 32*(1), 42–55.

Heun, T. (2012). *Marken im Social Web. Zur Bedeutung von Marken in Online-Diskursen*. Wiesbaden: Springer Gabler.

Heun, T. (2014). Die Erweckung des Verbrauchers. Zur Dynamisierung des Consumer Turn durch die Digitalisierung. In S. Dänzler & T. Heun (Hrsg.), *Marke und digitale Medien. Der Wandel des Markenkonzepts im 21. Jahrhundert* (S. 33–48). Wiesbaden: Springer Gabler.

Holt, D. B. (2004). *How Brands become Icons. The Principles of Cultural Branding*. Harvard: Harvard Business School Press.

Holzapfel, F., Holzapfel, K., Petifourt, S., & Dörfler, P. (2016). *Digitale Marketing Evolution. Wer klassisch wirbt, stirbt*. Göttingen: Business-Village.

Institut für Demoskopie Allensbach (2009). *Allensbacher Markt- und Werbeträgeranalyse*. Allensbach: Institut für Demoskopie Allensbach.

Kapferer, J.-N. (1992). *Die Marke, Kapital des Unternehmens*. München: Mi-Wirtschaftsbuch.

Kaplan, R. S., & Norton, D. P. (1997). *Balanced Scorecard – Strategien erfolgreich umsetzen*. Stuttgart: Schäffer-Poeschel.

Kaplan, R. S., & Norton, D. P. (2004). *Strategy Maps. Der Weg von immateriellen Werten zum materiellen Erfolg*. Stuttgart: Schäffer-Poeschel.

Kenning, P. (2010). Fünf Jahre neuroökonomische Forschung. Eine Zwischenbilanz und ein Ausblick. In M. Bruhn & R. Köhler (Hrsg.), *Wie Marken wirken. Impulse aus der Neuroökonomie für die Markenführung* (S. 31–44). München: Vahlen.

Kluckhohn, C. K. (1951). Values and value orientations in the theory of action. In T. Parsons & E. A. Shils (Hrsg.), *Toward a general theory of action* (S. 388–433). Cambridge: Harvard University Press.

Koschnick, W. J. (1996). *Standardlexikon Werbung, Verkaufsförderung, Öffentlichkeitsarbeit*. München: Saur.

Kriegeskorte, M. (1995). *100 Jahre Werbung im Wandel: eine Reise durch die deutsche Vergangenheit*. Köln: DuMont.

Kroeber-Riel, W. (1992). *Konsumentenverhalten* (5. Aufl.). München: Vahlen.

Kroeber-Riel, W. (1993). *Bildkommunikation. Imagerystrategien für die Werbung*. München: Vahlen.

Kroeber-Riel, W., & Weinberg, P. (2003). *Konsumentenverhalten* (8. Aufl.). München: Vahlen.

Krugman, H. E. (1966). The measurement of advertising-involvement. *Public Opinion Quarterly, 30*, 583–596.

Kuß, A., & Tomczak, T. (2007). *Käuferverhalten*. Stuttgart: UTB.

Langner, T. (2003). *Integriertes Branding. Baupläne zur Gestaltung erfolgreicher Marken*. Wiesbaden: Deutscher Universitäts-Verlag.

Lavidge, R. C., & Steiner, A. (1961). A Model for Predictive Measurements of Advertising Effectiveness. *Journal of Marketing, 25*, 59–62.

Leonhard, J.-F. (2002). *Medienwissenschaft: Ein Handbuch zur Entwicklung der Medien und Kommunikationsformen, Teil 3*. München: de Gruyter.

Löffler, M. (2014). *Think Content! Content-Strategie, Content-Marketing, Texten fürs Web*. Bonn: Rheinwerk.

Mangold, M. (2003). *Markenmanagement durch Storytelling*. Arbeitspapier zur Schriftenreihe Schwerpunkt Marketing, Bd. 126. München: Fördergesellschaft Marketing e. V. an der Ludwig-Maximilian-Universität München.

Martin, B. (2016). *Zwischen Verklärung und Verführung: Die Frau in der französischen Plakatkunst des späten 19. Jahrhunderts*. Bielefeld: Transcript.

Maslow, A. (1943). A Theory of Human Motivation. *Psychological Review, 50*(4), 370–396.

Mayer, H. (1993). *Werbepsychologie*. Stuttgart: Schäffer-Poeschel.

Mayerhofer, W. (2009). Das Fokusgruppeninterview. In R. Buber & H. H. Holzmüller (Hrsg.), *Qualitative Marktforschung: Konzepte, Methoden, Analysen* (2. Aufl. S. 477–490). Wiesbaden: Springer Gabler.

McKendrick, J. (2013). Content Marketing gets Social. Survey on Content Marketing Trends. http://www.skyword.com/content-marketing-resources/strategy/study-content-marketing-gets-social/. Zugegriffen: 21. Februar 2017.

Meffert, H., & Burmann, C. (2002). Wandel in der Markenführung – vom instrumentellen zum identitätsorientierten Markenverständnis. In H. Meffert, C. Burmann & M. Koers (Hrsg.), *Markenmanagement – Grundfragen der identitätsorientierten Markenführung* (S. 17–33). Wiesbaden: Gabler.

Meffert, H., Burmann, C., & Kirchgeorg, M. (2008). *Marketing. Grundlagen marktorientierter Unternehmensführung. Konzepte, Instrumente, Praxisbeispiele*. Wiesbaden: Gabler.

Murray, H. A. (1943). *Thematic Apperception Test Manual*. Cambridge: Harvard University Press.

Ogilvy, D. (1951). *Speech to American Marketing Association*. Chicago: AMA Proceedings.

Ornua Deutschland GmbH (o. J.). *Irische Weidemilch*. http://www.kerrygold.de/weidemilch-prinzip.html. Zugegriffen: 22. August 2016.

Pepels, W. (2011). *Marketingkommunikation* (2. Aufl.). Konstanz: UVK.

Petty, R. E., & Cacioppo, J. T. (1983). The Elaboration Likelihood Model of Persuasion. *Advances in Consumer Research, 11*, 673–675.

Pfannenberg, J. (2010). Das Modell des Unternehmens in der modernen Managementtheorie: Der Wertbeitrag von weichen Faktoren wird messbar. In A. Zerfaß & J. Pfannenberg (Hrsg.), *Wertschöpfung durch Kommunikation. Kommunikations-Controlling in der Unternehmenspraxis* (S. 16–27). Frankfurt a. M.: Frankfurter Allg. Buch.

Pricken, M. (2007). *Kribbeln im Kopf. Kreativitätstechniken & Denkstrategien für Werbung, Marketing & Medien* (10. Aufl.). Mainz: Hermann Schmidt.

Prognos (1999). *Quo vadis Werbewirkung?* Hamburg: ASV.

Radio Marketing Service (o. J.). *Werbewirkung unterschiedlicher Spotformate. Formale und gestalterische Einflussfaktoren.* Hamburg: RMS.

Ries, A., & Trout, J. (1986). Marketing warfare. *Journal of Consumer Marketing, 3*(4), 77–82.

von Rosenstiel, L., & Kirsch, A. (1996). *Psychologie der Werbung.* Rosenheim: Komar.

Salcher, E. F. (1995). *Psychologische Marktforschung* (2. Aufl.). Berlin: de Gruyter.

Scheier, C., & Held, D. (2006). *Wie Werbung wirkt. Erkenntnisse des Neuromarketing.* München: Haufe.

Schindelbeck, D. (2004). Strategien zwischen Kunst und Kommerz. Die Geschichte des Markenartikels seit 1850. In J. Meißner (Hrsg.), *Strategien der Werbekunst von 1850–1933* (S. 68–77). Bönen: Kettler.

Schlütz, D. (2016). Klassische Methoden der Werbewirkungsforschung. In W. Siegert, W. Wirth, P. Weber & J. A. Lischka (Hrsg.), *Handbuch Werbeforschung* (S. 547–571). Wiesbaden: Springer VS.

Schramm, H., & Knoll, J. (2013). Theoretische Erklärungsansätze der Nutzung, Wahrnehmung und Wirkung von Brand Content. In A. Baetzgen & J. Tropp (Hrsg.), *Brand Content. Die Marke als Medienereignis* (S. 18–27). Stuttgart: Schäffer-Poeschel.

Schüller, A. M. (2015). *Touchpoints. Auf Tuchfühlung mit dem Kunden von heute.* Offenbach: Gabal.

Schweiger, G., & Schrattenecker, G. (1995). *Werbung. Eine Einführung* (4. Aufl.). Stuttgart: G. Fischer.

Schweiger, G., & Schrattenecker, G. (2005). *Werbung. Eine Einführung* (6. Aufl.). Stuttgart: Lucius & Lucius.

Sombart, W. (1908). Die Reklame. *Der Morgen. Wochenschrift für deutsche Kultur, 2*(10), 281–286.

Spiegel, B. (1970). *Werbepsychologische Untersuchungsmethoden* (2. Aufl.). Berlin: Duncker & Humblot.

The BASE Berlin (o. J.). *Info.* https://www.facebook.com/thebaseberlin/about/?section=hours&tab=page_info. Zugegriffen: 24. Februar 2017.

Toffler, A. (1970). *The Future Shock.* New York: Random House.

Trommsdorff, V. (2003). *Konsumentenverhalten* (5. Aufl.). Stuttgart: Kohlhammer.

Vakratsas, D., & Amber, T. (1999). How advertising works: What do we really know? *Journal of Marketing, 63*(1), 26–43.

Vershofen, W. (1940). *Grundlegung.* Handbuch der Verbrauchsforschung, Bd. 1. Berlin: Heymanns.

Westermann (1967). *Westermanns Monatshefte.* Bd. 12. Braunschweig: Georg Westermann.

Wilkens, R. (1994). *Werbewirkung in der Praxis.* Essen: Stamm.

Wind, Y., & Hays, C. F. (2016). *Beyond Advertising. Creating Value Through All Customer Touchpoints.* Hoboken: Wiley.

YouTube (2013). GTA 5 SONG. https://www.youtube.com/watch?v=uzdLBxBRhs4&list=RDuzdLBxBRhs4&index=1. Zugegriffen: 21. Oktober 2016.

Zerfaß, A. (2010). Controlling und Kommunikations-Controlling aus Sicht der Unternehmensführung: Grundlagen und Anwendungsbereiche. In A. Zerfaß & J. Pfannenberg (Hrsg.), *Wertschöpfung durch Kommunikation. Kommunikations-Controlling in der Unternehmenspraxis* (S. 28–49). Frankfurt a. M.: Frankfurter Allg. Buch.

Zerfaß, A., & Pfannenberg, J. (2010). Die Entwicklung des strategischen Kommunikations-Controllings in Deutschland. In A. Zerfaß & J. Pfannenberg (Hrsg.), *Wertschöpfung durch Kommunikation. Kommunikations-Controlling in der Unternehmenspraxis* (S. 7–14). Frankfurt a. M.: Frankfurter Allg. Buch.

Printed by Books on Demand, Germany